미용 경락

전영선 · 이화정

光 文 閣
www.kwangmoonkag.co.kr

머리말

경락(經絡)은 한의학의 원전인 『황제내경』에 구체적인 명칭과 설명이 서술되어 있다. 고대로부터 전래된 경락 이론을 미용에 적용한 것이 이 책의 핵심 내용이다. 미용 경락은 인체를 조절하는 경락과 경혈을 자극하여 마사지를 통해 신체를 건강하고 아름답게 하는 피부미용의 영역이다. 한의학적 이론과 원리를 이용하여 미용적 변이를 진단하고 관리하는 것이 쉽지 않다. 그렇기 때문에 경락에 대한 정확하고 올바른 이론적 지식과 실무 능력을 습득하는 것이 무엇보다도 중요하다.

이 책은 미용 경락과 경혈의 위치를 초보자들도 쉽게 이해하고 정확하게 찾을 수 있도록 집필하였다. 총 4개 PART로 구성하였다. PART 1에서는 미용 경락의 이해를 다루었는데, 음양론 · 오행론 · 장상론 · 병인론의 핵심을 정리하였다. PART 2에서는 경락과 경혈, 기경팔맥을 다루었고, PART 3에서는 경혈 각론을 설명하였다. PART 4에서는 미용 경락의 실제를 이해하기 쉽게 정리하였다. 또한, 산업 현장에서 사용하는 경락 마사지 수기요법의 기본 수법, 괄사요법, 미용적 변이에 따른 임상 경락 관리에 대하여 간략하지만 빠짐없이 수록하였다. 이 때문에 취업 후 실제 임상에서 많은 도움이 될 것이라고 생각한다.

출판을 앞두고 부족한 점이 많아 아쉽지만, 추후에 보완하여 더욱 완벽한 교재를 만들기 위해 노력할 것을 약속드린다. 피부미용 전공자와 미용 경락에 관심이 있는 모든 분에게 활용될 수 있는 교재와 지침서가 되기를 소망한다.

끝으로 출판을 위해 애써주신 광문각출판사 박정태 회장님과 임직원분들께 깊은 감사를 드린다.

2018년 7월
저자 일동

차례

PART 1 미용 경락의 이해

PART 2 경락과 경혈

PART 3 경혈 각론

PART 4 미용 경락의 실제

P/A/R/T 1

미용 경락의 이해

P/A/R/T 1

미용 경락의 이해

1 음양론(陰陽論)

기원전 1000년경의 전통 시가집 『시경』에 기록되어 있는 음양론(陰陽論)은 음양의 작용을 통해 만물이 생성되고 변화한다고 생각하였으며, 자연 현상에서부터 인체에 이르기까지 모든 것을 음양으로 나누었다.

1) 음양론

음과 양은 상대성과 일원성의 성질을 갖고 있다. 음양은 극과 극으로 대립하기도 하고 서로 의존적이고, 상대적으로 평형을 유지하려는 속성이 있으며, 음은 양으로, 양은 음으로 서로 변화하기도 한다. 음과 양은 서로 대립하고 의존하면서 조화를 이루어야 이롭고 건강하며, 부조화되면 병변 증상이 나타난다. 음양(陰陽)이란 자연계에서 상호 대립되는 두 사물을 대표하며, 자연과 인체를 견주어 볼 때 음은 물, 여자, 밤, 앞면, 달, 하강, 혈(血) 및 오장(五臟: 간, 심, 비, 폐, 신)을 말하고, 양은 불, 남자, 낮, 뒷면, 해, 상승, 기(氣) 및 오부(五腑: 담, 소, 위, 대장, 방광)를 말한다.

2) 음양(陰陽)과 오장육부(五臟六腑)의 표리(表裏)관계

장(腸)은 음(陰)에 속하며 간(肝), 심(心), 비(脾), 폐(肺), 신(腎), 심포(心包)이고, 부(腑)는 양(陽)에 속하며 담(膽), 소장(小腸), 위(胃), 대장(大腸), 방광(膀胱), 삼초(三焦)이다. 장과 부는 서로 표리관계가 있어 장은 부에 영향을 미치고 부는 장에 영향을 미친다.

[표 1-1] 음양(陰陽)과 오장육부(五臟六腑)의 표리(表裏)관계

오장(五臟)	음(陰)	간(肝)	심(心)	비(脾)	폐(肺)	신(腎)	심포(心包)
육부(六腑)	양(陽)	담(膽)	소장(小腸)	위(胃)	대장(大腸)	방광(膀胱)	삼초(三焦)

3) 음양(陰陽)과 관련된 전신 미용의 변이

신체를 음양으로 구분할 때에는 배꼽을 중심으로 가로로 나누어 상부는 양, 하부는 음으로 하며, 앞뒤로 나누었을 때에는 앞은 음, 뒤는 양으로 한다.

배꼽을 중심으로 상부에는 심폐와 소화계통인 간, 담, 비, 위가 있고 하부에는 배설기관인 소장, 대장, 신장, 방광 등이 있다.

인체에는 경락과 연계된 수많은 경혈점이 있는데, 혈의 경결, 함하, 부종 등 신체의 변이를 진단하거나 치료에 중요한 단서가 된다.

[표 1-2] 음양과 관련된 전신의 미용 변이

음양과 관련된 전신의 미용 변이	해당 기관
등이 굽고, 소복이 올라와 있으며 가슴이 작다. 기운이 없다.	폐/대장
상완이 굵고 둔부의 상부 비대	대장
허벅지가 굵고, 혈해, 대포(겨드랑이 직하 6촌)가 굵다. 하복부 비대	비장
상복부 비대	소화계통
앉은 자세 구부정한 자세, 복부 비대	폐, 위, 대장
허리가 굵어진다.	신장
허벅지가 굵고, 엉덩이가 늘어진다.	방광

4) 음양(陰陽)과 연관된 얼굴 미용 변이

음(陰)과 양(陽)의 부조화를 통해 인체의 생리와 병리 현상을 알 수 있는데, 양기(陽氣)가 부족하면 한증이 발생하고 음기(陰氣)가 부족하면 열증(熱症)이 발생한다. 반대로 양기가 과하면 상체에 열이 많고, 얼굴 위로 열기가 올라 모세혈관 확장 피부, 여드름 피부 등을 발생시키고, 두피에도 영향을 미쳐 탈모 증상이 온다. 음기가 성하면 혈액순환이 저하되고 경락이 막히므로 하체 부종을 가져올 수 있으며, 어혈 정체로 기미가 발생할 수 있다.

코를 중심으로 하여 상부는 양, 하부는 음으로 나누는데, 이것은 신체를 배꼽을 중심으로 하여 상부와 하부를 음양으로 나누었을 때 장부의 변이가 발견되는 위치가 얼굴의 상응 부위와 일치한다.

- 이마에 나타나는 여드름은 주로 열에 의한 여드름이며 화농이 적고 붉으며 건조하다.
- 코를 중심으로 상부에 나타나는 여드름은 주로 열(熱)에 의한 것이다.
- 왼쪽 볼 부위의 뾰루지는 간의 열에 의한 문제이다.
- 양쪽 볼이 붉고 뾰루지가 올라오는 것은 신체에서도 상부, 즉 폐의 열에 의한 문제이다.
- 볼 부위의 늘어짐은 비장과 위장의 문제이다.
- 코를 중심으로 하부에 나타나는 여드름은 주로 한(寒)에 의한 것이다.
- 코 부위에 피지가 많고 뾰루지가 생겼을 경우 경계보다 약간 위, 즉 비장과 관계한다.
- 턱 부위의 단단한 여드름 등은 신체의 하부인 대장의 문제이다.
- 입 부위의 색소침착은 신체의 하부인 생식기의 이상이다.
- 입술이 건조하고 트면서 갈라지는 것은 비장과 위장의 진액 고갈에 의한 문제이다.

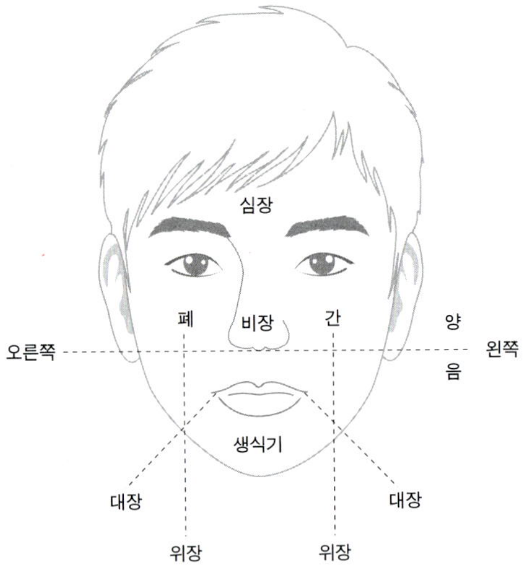

[그림 1-1] 음양으로 구분한 장부의 위치

2 오행론(五行論)

우주 만물의 모든 물질과 유무형의 현상은 5개의 속성인 나무 목(木), 불 화(火), 흙 토(土), 쇠 금(金), 물 수(水)로 구분하여 '오(五)'라고 하고, 이들의 속성은 절대적인 것이 아니고 수시로 변하고 운동하는데, 이를 '행(行)'이라 한다.

인간은 소우주와 같다. 하늘과 땅이 있듯이 인간은 영혼과 육체가 있으며, 산맥과 들판이 있듯이 뼈와 살이 있고, 바다가 지표의 2/3를 차지하듯이 우리 몸은 70%가 수분으로 되어 있다. 나무 목(木), 불 화(火), 흙 토(土), 쇠 금(金), 물 수(水)인 5종의 원소가 우주 만물을 구성하고, 하늘의 다섯 별 목성(木星), 화성(火星), 토성(土星), 금성(金星), 수성(水星)이 있으며, 지상에서는 나무, 불, 흙, 금속, 물이 있다. 사람에게는 인(仁), 의(義), 예(禮), 지(智), 신(信)의 다섯 가지 덕성을 말하는데, 이와 같이 우리 인체와 일상생활에 적용한 것을 오행설(五行說)이라 한다.

1) 오행의 속성

(1) 목(木)

나무는 곡직지상(曲直之象)으로 위로 솟아오르려는 성향이 강하다. 성격은 온화하고 계획적이며 두뇌 회전이 빠르다. 근심이 있고 화를 잘 내기도 하며, 목기(木氣)가 과하게 상승할 경우 추진력에 비해 결실이 없고, 목기(木氣)가 약할 경우 진취성이 적다.

(2) 화(火)

화는 염상지상(炎上之象)으로 불꽃의 형상처럼 성격이 불같이 급하고 강렬하다. 성향은 활동적이고 미래지향적이며, 화기(火氣)가 넘치면 외형은 화려하나 내실이 결여되고, 화기(火氣)가 약하면 현실성이 부족하며 추진력이 떨어진다.

(3) 토(土)

토는 가색지상(稼穡之象)으로 성숙한 형상을 말한다. 중립적이며 조절 및 완충작용을 하는 성향이다. 토기(土氣)가 넘치면 보수적이고, 토기(土氣)가 약하면 시작은 있으나 결과가 부족한 성향을 가진다.

(4) 금(金)

금은 종혁지상(從革之象)으로 변화에 적응을 잘하며, 자존감, 지조, 지도력 및 추진력이 있다. 금기(金氣)가 강하면 의리가 있고, 금기(金氣)가 약하면 우울하고 비관적일 수 있다.

(5) 수(水)

수는 윤하지상(潤下之象)으로 박식하며, 물의 특성을 닮아 때로는 급하기도 하고 때로는 느리며 속을 알 수 없다. 이해심이 많고 호탕하지만 화를 내면 무섭다. 수기(水氣)가 많으면 유동적이라 주거가 불안하며, 수기(水氣)가 지나치게 적으면 답답하고 고지식하며 질병으로 고생할 수 있다.

오행의 특성 및 속성은 [표 1-3]의 오행귀류표를 참조한다.

[표 1-3] 오행 귀류표

오행(五行)	목(木)	화(火)	토(土)	금(金)	수(水)
오방(午方)	동(東)	남(南)	중앙(中央)	서(西)	북(北)
오계(五季)	봄	여름	장하(長夏)	가을	겨울
오장(五臟)	간(肝)	심(心)	비(脾)	폐(肺)	신(腎)
오부(五腑)	담(膽)	소장(小腸)	위(胃)	대장(大場)	방광(膀胱)
오관(五官)	눈(目)	혀(舌)	입(口)	코(脾)	귀(耳)
오지(五志)	努(화냄)	기쁨(喜)	생각(思)	슬픔(悲)	공(恐)
오색(五色)	청색	붉은색(赤)	노란색(黃)	흰색(白)	검, 푸른색(黑)
오미(五味)	신 맛	쓴 맛	단 맛	매운 맛	짠 맛
오체(五體)	힘줄, 근육 (筋)	영양공급 혈액공급(血)	소화기능 생식기관(肉)	피부호흡 배설(皮)	내분비계 비뇨, 생식계(骨)
오과(五果)	자두	살구	대추	복숭아	밤
오취(五臭)	지방 비린내 노린내	단내	향긋한 내음 고신내	비린내	썩은내

[표 1-4] 오행과 관련된 인체기관과 미용 변이

오행구분	오장	오부	인체 기관	미용 변이
木	간	담	머리, 담, 수족, 신경, 간, 혈관, 눈, 위장	눈 부위 기미, 색소 침착, 탄력 저하, 근의 무력, 전신 비만
火	심장	소장	소장, 위, 인후, 얼굴, 심장, 눈	이마의 여드름, 눈의 충혈, 상체 비대
土	비장	위	위장, 비위, 근육, 자궁	복합성 피부, 이중 턱, 황색 피부, 볼살의 늘어짐, 복부와 허벅지 비대
金	폐	대장	대장, 폐, 골격, 호흡기, 치질, 코, 늑막, 피부, 치아	예민피부, 건성피부, 알레르기, 굽은 등, 하복부의 비대
水	신장	방광	방광, 자궁, 신장, 귀, 요도, 국부	건성, 노화피부, 기미, 부종에 의한 비만

2) 오행의 상생(相生)과 상극(相剋)

오행(五行)은 서로 상생(相生)과 상극(相克)하는 관계가 있다. 상생이란 서로 도움을 주고받는 관계로 촉진과 재생을 돕고, 상극이란 서로 억제하거나 제약하고 해를 입히는 관계이다. 상생상극의 올바른 개념은 서로 협조하고, 한쪽의 기운이 너무 세어질 때, 서로 제약함으로써 평형 상태를 유지하는 것을 말한다.

(1) 상생론(相生論)

상생론은 흔히 모자 관계에 비유를 하는데 서로 일으켜 주고 키워 주는 관계를 말한다.

① 상생 관계

나무는 태워 불을 일으키고(木生火), 불은 재로 남아 흙에 양분을 주며(火生土), 흙은 단단하게 금을 굳힌다(土生金). 금은 물을 맑게 걸러주고(金生水), 물의 양분은 나무를 자라게 한다(水生木).

목생화(木生火) → 화생토(火生土) → 토생금(土生金) → 금생수(金生水) → 수생목(水生木)

② 장기에서의 상생 관계

간은 심장을 살리고(木生火), 심장은 비장을 살리며(火生土), 비장은 폐를 살린다(土生金). 폐는 신장을 살리며(金生水), 신장은 간을 살린다(水生木).

(2) 상극론(相剋論)

상극론은 갈등과 극에 다른 경계선에 균형을 가지고 서로 제약하는 관계이다.

① 상극 관계

나무는 흙의 양분을 흡수하고(木克土), 흙은 물을 제압하며(土克水), 물은 불을 이긴다(水克火). 불은 금을 녹이고(火克金), 금은 나무를 베며 자라지 못하게 한다(金克木).

목극토(木克土) → 토극수(土克水) → 수극화(水克火) → 화극금(火克金) → 금극목(金克木)

② **장기에서의 상극 관계**

신장은 심장을 제약하고(水克火), 심장은 폐를 제약하며(火克金), 폐는 간을 제약한다(金克木). 간은 비장을 제약하며(木克土), 비장은 신장을 제약한다(土克水). (그림 참조)

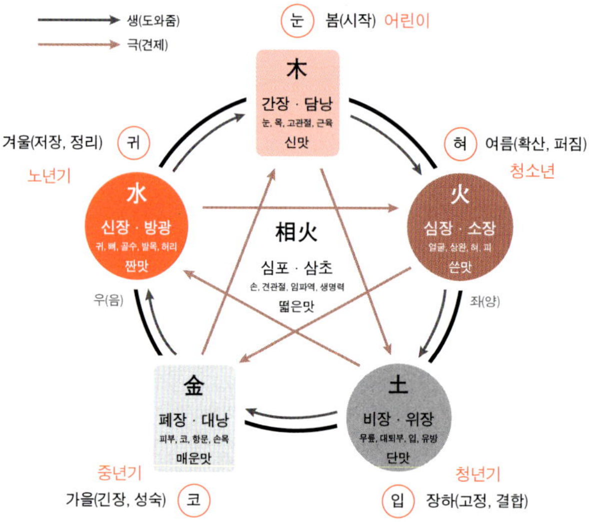

[그림 1-2] 오행의 상생, 상극관계

3) 음양오행(陰陽五行)과 관련된 장부(腸腑)의 미용 변이와 개선 방법

음양(陰陽)의 변화가 한 단계 더 세분화된 것을 오행이라고 한다. 양(火)에서 한 단계 더 세분화되어 그 속에서 다시 음양(木, 火)이 나오는 것이고, 또 음(水)에서 한 단계 더 세분화되어 그 속에서 다시 음양(金, 水)이 나오는 것이다.

오장육부(五臟六腑)에서 음(陰)의 장(腸)과 양(陽)의 부(腑)는 오행의 속성과 관계가 있다.

(1) 나무(木)의 간과 담낭(쓸개)

긴 얼굴형을 목(木)형으로 보며, 음 체질이면 간(肝)이 실하고, 양 체질이면 담(膽)이 실한 것으로 진단을 한다. 봄에 푸른색 음식을 많이 섭취하면 간과 심장에 좋고 눈, 손, 발톱, 힘줄까지 건강해지며, 적절한 신맛은 간을 도와주지만 지나치면 해롭다. 신맛의 음식은 낮에 섭취하는 것이 가장 좋다.

※ 전신, 미용상의 문제

- 눈 밑 기미, 눈 피로, 열, 눈병, 눈 주위 피부 갈변
- 왼쪽 볼의 심한 트러블, 열
- 머리 푸석푸석하고 잘 끊어짐
- 닭살이 생긴다(주로 목 부위나 턱 주변).
- 간의 독소 배출의 문제로 알레르기 발생, 트러블 발생
- 피부 탄력이 없어지고, 잡티가 많아지며 콧등 부위가 푸른색으로 변이
- 목의 품성이 노기(怒氣)이므로 화를 잘 내고 신경질적이 된다. 노기가 발동할 때 피부가 남성호르몬인 안드로겐의 자극을 받아 목이 굵어지고 모공 확대, 피지 과다분비, 지루성 피부로 변이

[표 1-5] 목(木)형의 개선 방법

음식	신맛 나는 음식, 피를 맑게 하는 음식으로 해조류, 등푸른생선, 메밀, 팥, 보리
과일	귤, 딸기, 앵두, 매실, 채소
차	귤차, 오렌지 주스, 땅콩차, 율무차, 오미자차
지압	합곡(대장경), 태충(간경: 발 1, 2지 사이), 삼음교(비경: 복사뼈 안쪽 3촌위) 족삼리(위경: 슬와골 밑 3촌), 장문(간경: 11갈비뼈 끝), 경문(담경: 12갈비뼈 끝), 기문(간경: 유두 밑 갈비뼈 끝), 간수(방광경: 9,10 흉추 옆 1.5촌)혈
경락 마사지	앞의 늑골 사이를 손가락 세워 쓸어주며, 늑골 및 명치 부위에서 대맥(담경: 12갈비뼈 밑 1촌)까지 쓸어내려 간경맥[기문, 장문, 급맥(곡골 옆 2.5촌)]과 담경맥(동자료, 함염, 현로, 현리, 완골, 풍지)을 풀어 준다.
한방 팩	당귀, 표고팩 (당귀 분말, 표고 분말 1ts, 우유 15~20ml, 밀가루 1ts를 개어 얼굴에 거즈를 얹고, 20분 후 제거. 일주일에 2번 정도 하면 기미, 잡티에 효과가 있다.

(2) 불(火)의 심장(염통)과 소장

삼각형인 얼굴형은 화(火)형이며, 음 체질이면 심장이 실하고, 양 체질이면 소장이 실하다. 불의 기능이 지나치거나 이상이 생기면 신체의 상부에 열기가 느껴지고 얼굴이 달아오른다. 여름에 붉은색의 음식을 많이 섭취하면 비장과 심장이 건강해지며, 입맛이 돌고 혈액순환이 잘 되어 몸의 털도 적절하며 웃음이 헤프거나 부족하지 않다. 쓴맛 나는 음식은 심장을 돕지만 지나치면 좋지 않다.

※ 전신, 미용상의 문제

- 피부에 여드름이 좁쌀처럼 얼굴의 측면과 이마에 올라올 수 있다.
- 얼굴이 붉어지며 지루성 피부와 스트레스에 의해 여드름이 확산될 수 있다.
- 얼굴이 붉은 것은 양기가 갇힌 것으로 피부를 마사지하여 배출시킨다.
- 양 볼이 붉고 소지가 부자유스럽다.
- 눈곱이 끼고 눈꺼풀에 탄력이 없으며 다래끼, 사마귀, 잡티가 생긴다.
- 심장이 두근거리며, 잘 놀라고 딸꾹질도 자주한다.
- 얼굴이 붓거나 땀이 많다.
- 심장에 통증을 느낀다.
- 목이 자주 마르고 주관절통, 견갑골의 통증을 느낀다.
- 손바닥에 열이 나고 혀에 이상이 있다.
- 생리통이 심해질 수 있다.
- 마음이 조급하고 공허함을 느낄 수고 있고 믿음이 부족하여 걱정이 많아질 수 있다.

[표 1-6] 화(火)형의 개선 방법

음식	쓴맛 나는 도라지, 마, 수수, 씀바귀, 더덕 등. 고기는 동물의 피, 칠면조 고기
과일	자몽, 살구, 은행, 토마토
차	커피, 홍차, 녹차 등
지압	거궐, 중완, 관원 등(임맥)
경락 마사지	폐유, 간유, 비유, 삼초유, 신유등(방광경) 명문(독맥: 제2요추 아래)를 풀어 주고 심경(극천, 소해, 신문, 소충), 소장 경락[청궁, 견중유(7경추 옆 2촌), 견외유(1흉추 옆 3촌), 천종, 소해, 양곡, 소택]을 다스린다.

한방 팩	밤, 삶은 마늘, 은행, 더덕, 도라지, 마, 미나리, 샐러리를 삶은 물에 현미, 녹두, 숫, 옥수숫가루, 밀가루를 섞어 개어 바른다. 여드름 자국, 넓어진 모공 관리에 효과적이다.

(3) 흙(土)의 위와 비장

역삼각형으로 하관이 쪽 빠진 얼굴형은 토(土)형에 해당하며, 음 체질은 비장이 실하고, 양 체질은 위가 실하다. 비위가 건강하면 비만하거나 야위지 않고, 적당하게 탄력 있는 살을 유지할 수 있다. 계절이 바뀔 때마다 입맛이 떨어지지 않는다. 비장이 건강하면 입술이 촉촉하고 유방에 탄력이 있어 몸매가 아름답다. 얼굴은 동안으로 어려 보이며 미인형이 많다. 황색의 음식은 비위와 폐를 도우며 단맛은 비위를 좋게 한다.

토의 기운 부조화는 욕심이 많아지고, 생각이 많아지며 고독해 질 수 있다. 토(土)의 기운은 중립적이므로 목, 화, 금, 수의 모든 부분에 관여하고 중재한다.

※ 전신, 미용상의 문제

- 볼 부위가 늘어지고 다소 붉어진다.
- 눈 주위 반달 모양의 주름이 형성되고 갑자기 나이 들어 보이게 된다.
- 눈꺼풀이 녹색을 띠고 붉고 흐물거리면 비의 습열을 나타낸다.
- 코끝이 붉어지는 것은 비장의 열에 의한 것이다.
- 코끝이 생기가 없고 건조하면 비위의 기가 원활치 못한 것이다.
- 코에 피지가 많이 생긴다.
- 입 주위 지창혈에 부스럼이 생기고, T존 부위와 이마에 작은 여드름이 생기며, 복합성 피부가 된다.
- 입이 마르며, 입술 선이 분명하지 않고 입 주변이 지저분해진다.
- 입술이 트거나 갈라진다.
- 명치 끝이 단단하고 상복부 비만이 온다.
- 트림을 잘하고 심한 구취와 전두통, 발가락 1, 2지가 부자연스러워진다.
- 음식 맛을 잘 모르며 배가 불러도 절제하는 힘이 부족하다.

[표 1-7] 토(土)형의 개선 방법

음식	단맛 나는 음식이 좋으며 기장, 소고기, 고구마 줄기, 미나리, 시금치 등 위 기능을 강화시키려면 오전 7시에서 9시 사이에 식사를 하되, 과식은 피한다.
과일	참외, 메론, 대추 등 부드럽고 단맛이 나는 과일
차	꿀차, 인삼차, 칡차, 대추차, 식혜, 구기자, 두충차 등
지압	청명, 사죽공, 객주인, 청궁, 지창, 예풍
경락 마사지	얼굴의 위경락(승읍, 사백, 거료, 지창, 대영, 협거, 하관, 두유, 인영 등) 눈 밑 볼록 주머니를 부드럽게 마사지. 다리의 비위경락(족삼리, 해계, 여태 등)을 다스려 준다.
한방 팩	대추, 인삼, 칡을 50g씩 끓인 물에 기장, 녹두, 옥수숫가루, 감초가루를 동량으로 개어 꿀 1ts를 섞어 팩을 한다. 여드름 복합성 피부에 효과적이다.

(4) 쇠(金)의 폐(허파)와 대장

사각형의 얼굴은 금(金)형으로, 음 체질은 폐가 실하고, 양 체질은 대장이 실하다. 폐와 대장은 우리의 몸속을 맑게 해주는 장기이다. 폐를 건강하게 도와주려면 흰색의 음식을 가을에 많이 먹는 것이 좋으며, 저녁에 먹는 적당한 매운맛이 폐를 돕는다. 코가 건강하면 폐도 건강하며 피부도 곱다. 금(金)은 항문, 맹장, 직장에 관여한다. 금에 문제가 있으면 변비, 알레르기, 아토피, 닭살, 기침, 대장경에 대표적인 피부 트러블이 있다. 금의 성품은 견고하고 의지가 강하며 냉정하다. 추진력이 강하고 의리가 있으며 준법정신이 강하다. 안색이 희고 깨끗한 사람이 많다.

※ 전신, 미용상의 문제

- 상완이 굵어진다.
- 등이 굽고 가슴이 작으며 소복이 나온 것은 폐와 대장의 문제이다.
- 둔부 상부에 살이 찐다.
- 대장경(코와 턱 주위)에 대표적인 피부 트러블 발생
- 콧구멍이 마르면 폐와 대장의 열에 의한 것이다.

- 오른쪽의 볼이 붉거나 뾰루지가 올라오면 폐의 열에 의한 것이다.
- 여드름, 악건성 피부, 아토피 피부
- 예민성 붉은 피부, 실핏줄, 닭살 피부, 피부의 탄력 저하
- 코와 턱 주위의 여드름은 대장의 문제이다.
- 열에 의한 여드름이 올라온다.
- 금에 문제가 있으면 변비, 알레르기, 아토피, 기침 증세가 있다.

[표 1-8] 금(金)형의 개선 방법

음식	현미, 율무, 매운맛의 고추, 겨자, 생강, 파, 마늘, 달래. 생선, 조개류
과일	배, 복숭아 등 흰색에 가까운 과일
차	생강차, 계피차, 율무차 등은 막힌 경락을 뚫어서 기혈의 순환을 돕는다.
지압	합곡(대장경), 태충(간경: 1, 2지 사이), 곡지(대장경)
경락 마사지	폐경락(중부, 운문, 척택, 열결, 어제, 소상), 대장경(영향, 화료, 곡지, 합곡)을 다스려 준다.
한방 팩	대추, 감초를 끓여 스킨 대용으로 사용하면, 알레르기, 화장품 독에 진정효과가 뛰어나다. 또한 이것으로 현미, 녹두, 보릿가루 각 1ts에 개어 팩으로 만든 후 거즈에 얹고 20분 후 떼어낸다. 진정작용, 해독작용에 효과적이다.

(5) 물(水)의 신장(콩팥)과 방광

동그란 얼굴형은 수(水)형으로 음 체질은 신장이 실하고, 양 체질은 방광이 실하다. 뼈를 관장하는 수기가 균형이 잘 맞으면 뼈와 이가 튼튼하며, 허리와 발목, 신장, 방광이 튼튼하다. 수의 성품은 생각이 지혜롭고 긍정적이며 인내와 양보심이 강하다. 새로운 아이디어를 잘 생각해 내며, 연구심이 강하다. 적절히 짠 기가 있고 검푸른색을 띤 해조류 등을 섭취하면 신장 기능에 도움을 주나 지나치면 좋지 않다.

※ 전신, 미용 상의 문제

- 피부가 검고 윤기가 없으며 푸석푸석해진다.
- 기미, 여드름, 예민의 모든 피부 증상에 관여하며 눈 밑이 늘어지고 검다.
- 입술 선이 선명하지 않고, 입술 라인에 주름이 생긴다.
- 턱 주변이 검어진다.
- 아킬레스건 부위가 당기거나 발뒤꿈치가 갈라지고 새끼발가락에 티눈이 생긴다.
- 손톱 색이 검어지고 손톱이 잘 끊어진다.
- 엉덩이가 늘어지고, 하체 부위가 매끄럽지 못하다.
- 자궁에 냉이 많아지고, 소변빈삭이 올수 있다.
- 수분 배설 기능이 저하되어 부종과 비만의 원인이 된다.
- 허리와 무릎이 시큰거리고 생리량이 줄며 생리량이 적다.
- 성욕이 저하되며 뼈 마디마디가 쑤시고 뼛속에 냉기가 있다.

[표 1-9] 수(水)형의 개선 방법

음식	미역, 다시마 등 해조류, 멸치, 고기는 돼지고기가 좋으며, 치즈와 두부를 많이 섭취한다.
과일	콩, 밤, 수박 등 수분이 많은 과일
차	두유 등 콩을 갈아 만든 음료
지압	얼굴의 위 경락(인영, 대영, 승읍, 거료과 얼굴의 주요 혈점을 자극
경락 마사지	방광 1선을 위에서 아래로 풀어주고, 심장 경락을 아래서 위로 쓸어 올려준다.
한방 팩	다시마와 생수 같은 물에 곡물 영양 팩과 달걀노른자를 개어 거즈 위에 바른 후 20분 후 떼어낸다. 기미, 예민성 피부에 효과

3 기혈진액

1) 기(氣)

기는 우리 몸속에서 운동성을 가지고 순환한다. 동양의학에서는 인체와 자연은 하나이며, 우주 공간 안에서 순행한다고 보았다. 우리 몸에서 일어나는 모든 생리 현상과 병리 현상은 우주를 감싸고 있는 기의 흐름과 결코 무관하지 않고, 모든 생명의 원동력은 기의 작용이라고 인식되고 있다.

(1) 기의 작용

① 추동작용

기와 혈은 음양(陰陽)으로 볼 때 혈은 음에 속하며 기는 양에 속한다. 혈액은 펌프와 순환으로 움직이지만 기의 추동작용이 없다면 순행이 좋지 않아 신체의 생장, 발육에 영향을 주고 진액이 고갈되어 간다. 혈액순환 저하는 곧 기의 부족이다.

② 체온 조절

기는 인체의 에너지원이다. 기는 혈액순환을 촉진시키고 신체의 장부와 사지 말단 부위까지 영양과 산소를 공급하므로 각 장부와 조직 기관의 생리 활동을 돕는다.

③ 보호작용

신체는 항상 외기의 침입에 대응하여 온열작용 및 발한작용을 하여 몸을 보호한다.

④ 진액조절작용

기는 체액의 배설을 통제하고 다뇨, 요실금, 설사 등을 조절하여 진액의 유출을 막는다.

⑤ **기화작용**

인체는 음식물을 섭취하고 소화하며 각종 대사 활동의 부산물인 노폐물을 체외로 배출하는 기능을 한다.

(2) 사람을 만드는 세 가지의 기

사람을 만드는 기는 자연청기(自然晴氣), 수곡지기(水谷之氣), 선천지기(先天之氣) 등 세 가지의 기로 이루어져 있으며, 오장육부 중 육부에 속하는 삼초의 상초, 중초, 하초와 연관이 있다.

① **자연청기(自然清氣)**

자연청기는 호흡기와 연관이 있으며, 좋은 공기를 마시고 탁기를 배출하는 기능을 한다. 장기 중 폐와 관계가 있고, 명치 윗부분인 상초에 분포되어 있으며, 상초의 기는 자연계에 민감하다. 예를 들면 외부의 공기가 갑자기 차갑게 느껴지면 내 몸의 기는 온열작용을 하여 외부의 나쁜 기운을 이겨내지만, 그렇지 못한 경우 감기가 걸린다. 내 몸의 기와 자연의 기가 함께 어우러져야만 건강을 지킬 수 있다. 주요 경혈은 운문, 중부, 천돌, 화개, 자궁이다.

② **수곡지기(水谷之氣)**

수곡지기는 음식물을 흡수하여 신체의 각 기관에 영양분을 공급하고 전신의 기를 보충해 준다. 장기 중 비장과 관계가 있고, 명치와 배꼽 사이 부위인 중초에 분포해 있으며, 주요 경혈은 거궐, 중완, 하완, 양문, 관문으로 수곡지기는 내 몸의 기를 생성하는 데 중요하다.

③ **선천지기(先天之氣)**

선천지기는 부모로부터 받은 원기(元氣)로 장기 중 신장과 관계가 있고, 배꼽 밑 부위인 하초와 연관이 있으며, 주요 경혈은 명문, 신유, 기해, 관원으로 배꼽을 중심으로 모여 있다. 이 부위를 잘 다스리면 내 몸의 원기를 회복하며, 건강해 질 수 있다.

2) 혈(血)

혈은 비위(脾胃)의 운화(運化)작용으로 생성되어 전신을 영양(營養)하며, 혈액은 기의 추동작용에 의하여 온몸을 순환하면서 오장육부와 피육근골(皮肉筋骨)에 영양 물질 전달과 자윤작용을 한다. 혈액순환이 잘되면 근육이 튼튼하고 얼굴색이 좋고 윤기가 나며, 모발이 윤택하다. 혈액이 부족한 혈허(血虛) 증상은 사지에 힘이 없고 근육이 약해진다. 또한, 얼굴이 건조하고 창백하며 모발이 건조하다.

기운이 왕성한 청년기에는 혈기가 넘치므로 건강을 유지할 수 있지만, 노년기에는 기운이 약해지며 혈액순환이 늦어져, 사지 영양 공급과 노폐물의 배출이 저하되므로 각종 병변 증세가 나타난다.

3) 진액(津液)

진액은 사람의 몸에서 생겨나는 액체, 즉 체액으로서 비장과 위의 소화 흡수 및 운행작용과 폐의 선발작용 및 숙강작용, 신의 기화를 통해 전신에 운반된다. 만들어진 진액은 사지관절, 뇌, 뼈 등에 영양 공급과 윤활작용을 하고, 피부를 촉촉하고 윤기 있게 하며, 오장육부를 보호하는 역할을 한다.

진액은 체액과 대사산물로서 기화작용을 거쳐 눈물, 콧물, 땀, 소변, 침 등으로 배출된다. 진액이 부족하면 피부가 건조해지고 탄력이 없으며, 모발이 거칠어진다. 또한, 입술이 건조하고 트며, 코가 마르고 건조증이 생긴다. 진액의 순환에 장애가 오면 한증(汗證), 담음(痰飮), 조증(燥證), 갈증 등 여러 가지 병증이 생긴다.

④ 장상론

장은 체내에 있는 내장이며, 상은 외부에 나타나는 병리 현상을 말한다. 장상론은 장부의 조직 및 기관의 생리 기능과 병리 현상을 연구하는 학설이며, 장상학설은 체내 내장의 장과 부의 상호관계 등을 말한다. 장부(臟腑)는 내장에 대한 총칭이며, 장부의 생리 기능 특징에 근거하여 장(臟)과 부(腑)라 하고, 장은 심(心), 폐(肺), 비(脾), 간(肝), 신(腎)을 말하며, 담(膽), 위(胃), 소장(小腸), 대장(大腸), 방광(膀胱), 삼초(三焦)를 통합하여 육부라 칭한다.

1) 오장육부(五臟六腑)

(1) 심(心)

『황제내경소문』의 「맥요정미론」에서는 "심은 전신의 혈맥을 주관한다."라고 하였다. 심장은 혈맥을 주관하고, 혈액을 운행 및 순환시키며, 전신에 영양분을 자양한다. 심의 기가 정상일 경우 안색이 맑고 홍조를 띠며 입술이 붉다. 반대로 심의 기가 허할 경우 얼굴빛이 창백하고 입술과 혀가 백색을 띤다. 『황제내경 영추』의 「사객」에서는 "심장은 오장육부의 큰 기둥으로서 정신이 머무는 곳이다."라고 하였으며, 심은 감정의 변화와 관계가 있다. 심은 정신의 활동으로 장부를 통솔하고, 군주의 관으로서 인체의 모든 생명 활동을 주관한다.

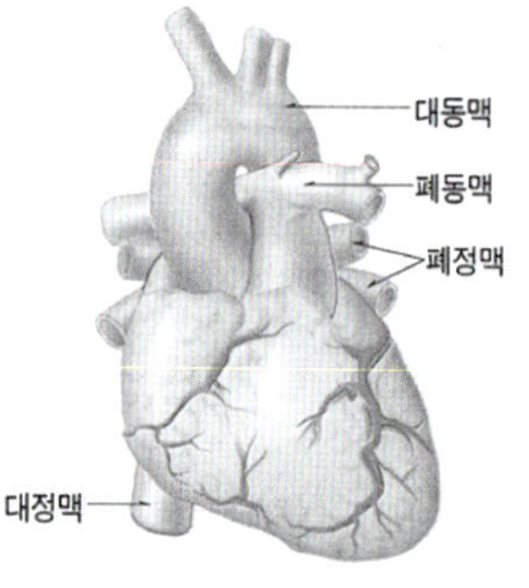

[그림 1-3] 심장의 구조

[표 1-10] 심장의 기능과 병변

심장의 기능	인체 병변	미용 병변
혈액순환, 적혈구의 산소 운반, 백혈구의 식균작용, 혈소판 혈액응고 및 운반 기능 (영양분, 이온, 노폐물, CO_2, O_2)	불면증, 다몽, 건망증, 불안감, 히스테리. 혀굳음, 자줏빛, 반점, 혈과 연결 (부정맥, 맥이 가늘다)	상열로 인한 얼굴 붉어짐, 이마와 얼굴 측면 여드름 발생

(2) 폐(肺)

폐는 자연의 청기(淸氣)를 흡수화고 탁기를 배출하며, 수도(水道)를 소통 및 조절하여 선발 기능을 통해 체액을 땀으로 배출하고, 숙강 기능을 통해 소변으로 배출하는 기능을 하여 노폐물을 체외로 배출시킨다.

폐는 기를 주재하고 서로 전달하는 상전의 관이며, 심장을 도와 혈액의 순환을 돕는다. 또한, 피모(皮毛)와 관계가 있어 폐기를 통해 영양분 공급이 원활하면 피부와 모발에 광택과 윤기가 있다. 폐의 기가 허하면 피부와 모발이 거칠고 메마르며, 땀이 나고 사기가 침투하기 쉬워진다. 코는 폐의 통로이며, 목과 소리와 관계가 있다.

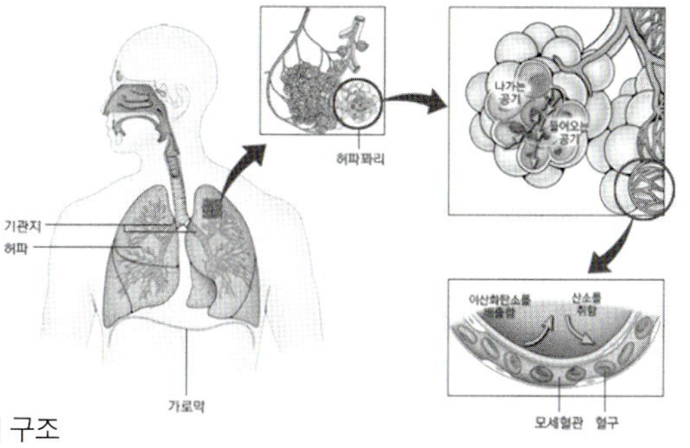

[그림 1-4] 폐의 구조

[표 1-11] 폐의 기능과 병변

폐의 기능	인체 병변	미용 병변
산소를 취하고 이산화탄소를 배출하는 가스교환 및 호흡기능	호흡 이상, 기침, 가래, 숨참, 가슴 갑갑함, 쉰 목, 발성장애	이마 및 볼 부위 붉어짐, 여드름, 기미 민감 피부, 건성 노화

(3) 비(脾)

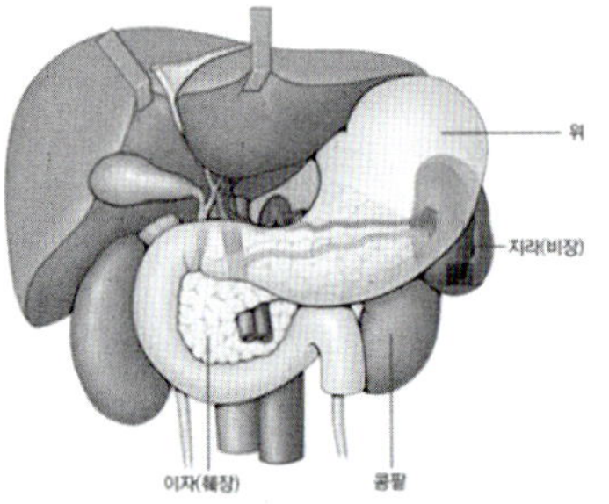

[그림 1-5] 비장의 구조

비는 음식물을 소화하고 오장육부와 인체 조직에 영양분을 전달하는 운화작용을 하며, 혈을 통할하여 기혈을 생성한다. 비의 기는 전신의 장부와 기관에 영양을 주고 사지의 기육을 자양한다. 비와 위의 기혈 생성은 구순과 관계가 있어 기가 성하면 입술이 붉고 윤기가 있다.

[표 1-12] 비장의 기능과 병변

비장의 기능	인체 병변	미용 병변
세균 제거, 면역 기능, 노화 적혈구 및 혈소판 제거, 적혈구 및 림프구 생산	사지무력, 소화장애, 비정상적 출혈 발생, 자궁출혈, 혈변, 월경과다	입술 포진, 구각염, 코의 뾰루지, 비만증, 피지 과다, 피부 늘어짐

(4) 간(肝)

간은 혈액을 저장하고 기를 주재한다. 혈액은 비에서 수곡지기를 통해 생성되고 간에서 저장된다. 간은 기를 소통시키고 혈액과 진액의 운행을 조절하는 소설 기능을 한다. 소설 기능은 비(脾)의 음식물과 영양분을 혈액으로 보내는 상승 기능과 위(胃)의 온몸에 영양을 전달하는 하강기능이다.

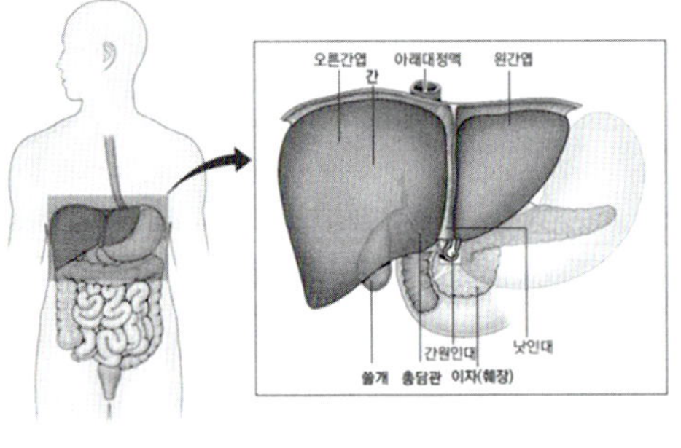

[그림 1-6] 간의 구조

『황제내경영추』의 「경맥」에서 "간은 근과 연관이 있다."라고 하였으며, 손톱과도 연관이 있다. 간은 근육과 손톱에 영양을 공급하는데 간의 기혈이 부족하면 근력이 떨어지고 걸음걸이가 불안정하며, 손톱 끝이 갈라진다.

[표 1-13] 간의 기능과 병변

간의 기능	인체 병변	미용 병변
탄수화물, 단백질, 지방, 비타민 및 무기질 대사, 호르몬 대사, 해독 및 살균작용	눈의 시력 저하, 야맹증, 근육의 탄력 저하, 손톱 갈라짐 감정: 화를 잘내며 조급함	기미, 모세혈관 확장증

(5) 신(腎)

신은 정(精)을 저장하며 오장육부와 인체를 구성하고, 생장 및 발육과 관계가 있다. 정은 선천의 정과 후천의 정으로 나뉘는데, 선천의 정은 부모로부터 받은 정으로서 생식과 관련하여 번식 기능이 있고, 후천의 정은 생명 활동을 유지하기 위해 음식물을 섭취, 소화, 흡수 등을 통해 장부의 대사를 거쳐 남은 것으로 신에 저장된다. 신은 수(水)를 관장하며, 신의 정기로 기화작용을 통해 체액을 운반 및 배설하여 몸속 수분평형을 유지한다. 신은 골수를 주재하며, 뇌와 통하고, 귀와 관계가 있다.

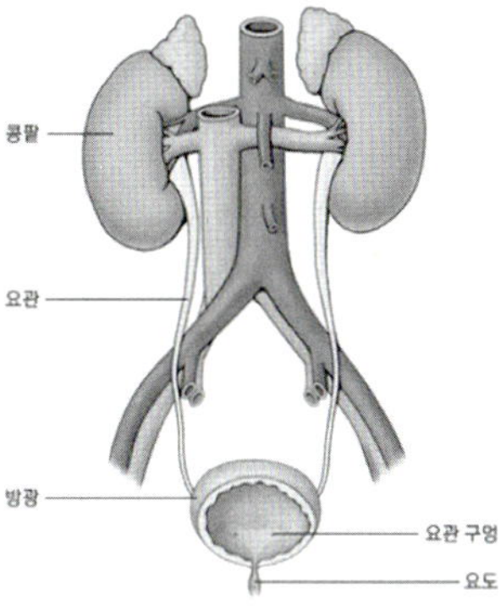

[그림 1-7] 신장의 구조

[표 1-14] 신장의 기능과 병변

신장의 기능	인체 병변	미용 병변
대사산물 및 노폐물 여과, 체액의 항상성 유지, 세뇨관에서 원뇨의 포도당, 아미노산, 비타민 등의 유용한 성분을 모세혈관으로 재흡수	배설장애 및 부종, 이명증, 청력 손실, 성장 발육 저하	탈모 및 백발화 증상, 부종, 거칠고 검은 피부, 트러블, 입 주위 여드름

(6) 담(膽)

담은 지나치거나 모자람이 없는 중정(中正)의 관으로 결단을 관장하며, 간과 표리관계가 있다. 간의 정기에서 화생한 소화액은 담에 저장되어 있다가 비위의 운화작용에 의해 십이지장으로 배설되며, 소장에서 지방을 소화한다.

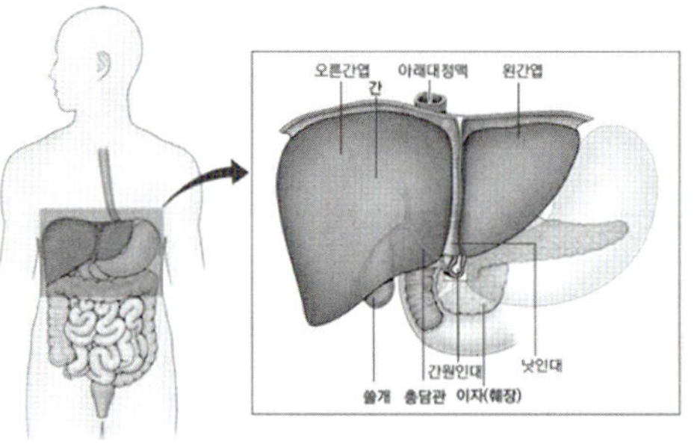

[그림 1-8] 담낭의 구조

[표 1-15] 담의 기능과 병변

담의 기능	인체 병변	미용 병변
담즙을 6~10배 정도 농축시키고 저장, 십이지장으로 배출	쓴 입맛, 황록색 구토, 묽은 변, 식욕 감퇴, 불면, 불안, 초조	기미, 황달, 지성 피부, 큰 모공

(7) 위(胃)

『황제내경영추』의 「옥관」에 의하면 위는 인체에 필요한 음식물을 입과 식도를 통해 받아들이므로 "수곡(收穀)의 바다"라고 했다. 위와 비는 표리관계가 있어 비의 기는 맑은 청기를 상승시키는 승천 기능으로 심과 폐를 통하여 온몸에 영양을 자양한다. 위의 기는 강탁 기능으로 탁한 것을 하강시키는 기능이 있으며, 소화를 거쳐 찌꺼기를 배출시킨다. 위의 기가 허할 경우 트림, 딸꾹질, 구토 및 구취가 발생하며, 명치가 더부룩하고 변비가 발생한다.

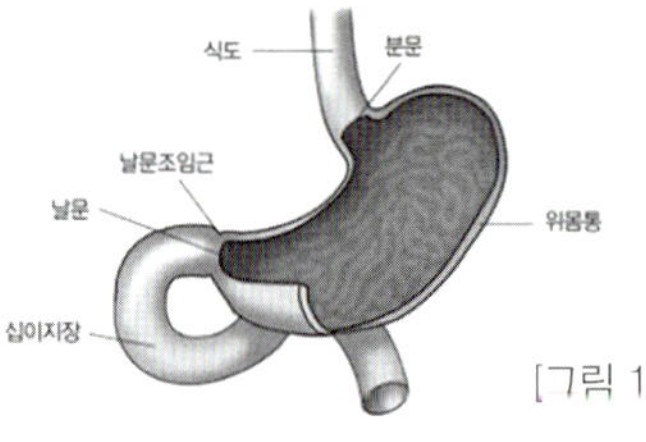

[그림 1-9] 위장의 구조

[표 1-16] 위장의 기능과 병변

위장의 기능	인체 병변	미용 병변
기계적 소화, 화학적 소화, 위산을 이용한 살균작용	이마 및 상부 열 백태 및 구순염	볼 부위 늘어짐, 눈 주위에 반달 모양 주름, 황면포, 복합성 피부

(8) 소장(小腸)

음식물을 소화시켜 정미 물질로 변화시키며, 물질의 청탁을 구별하여 맑은 것은 비(脾)의 승청 기능으로 온몸에 공급한다. 찌꺼기와 같은 탁한 것은 대장으로 보내서 대변으로 배출시키고 수분은 방광으로 보내 소변으로 배출시킨다.

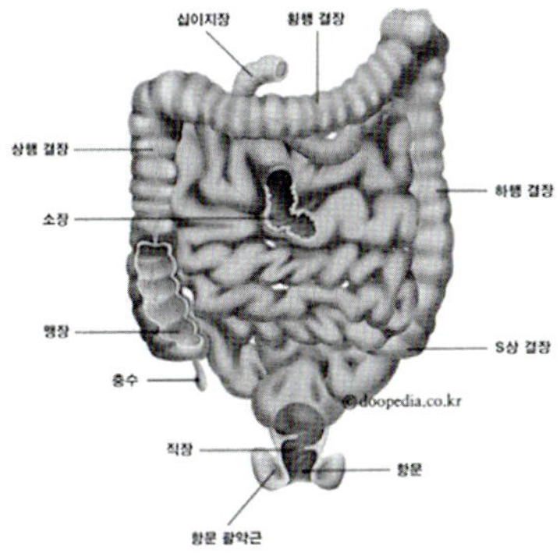

[그림 1-10] 소장의 구조

[표 1-17] 소장의 기능과 병변

소장의 기능	인체 병변	미용 병변
십이지장 · 공장 · 회장의 세 부분으로 구분, 분비 기능, 음식물 소화, 영양분 흡수	복부 팽만, 변비, 설사, 구토	턱 부위 면포, 구진, 농포

(9) 대장(大腸)

찌꺼기를 수송하는 관이며, 수분은 재흡수하고, 흡수되지 않는 거친 물질을 분변으로 변화시킨 후 대변으로 배출시킨다.

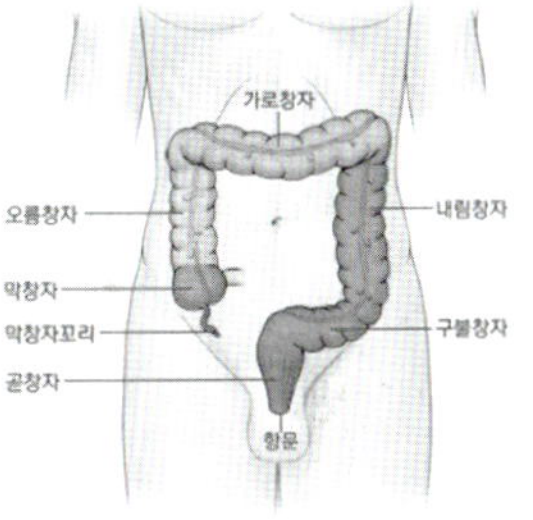

[그림 1-11] 대장의 구조

[표 1-18] 대장의 기능과 병변

대장의 기능	인체 병변	미용 병변
영양소와 수분의 재흡수 세균에 의한 발효와 분해	복부 팽만, 변비	턱 여드름

(10) 방광(膀胱)

방광은 진액을 저장하는 것을 관장한다. 신(腎)의 기화작용으로 수액을 저장하여 기화(氣化)한 후에 소변으로 저장되었다가 배출시킨다.

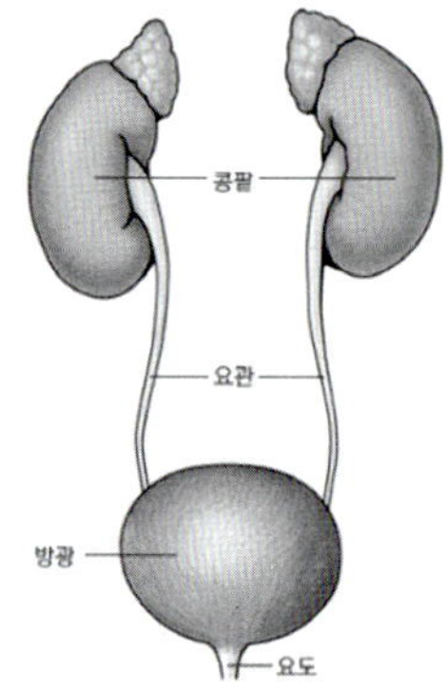

[그림 1-12] 방광의 구조

[표 1-19] 방광의 기능과 병변

방광의 기능	인체 병변	미용 병변
신장에서 여과된 소변을 저장하고 배출	생식기 문제 발생, 요실금, 방광염	부종, 트러블

(11) 삼초(三焦)

삼초의 실체에 대해서는 정설이 없으며 『난경』에서는 "이름만 있고 형태가 없는 것"으로 보았다. 해부학적으로는 존재하지 않는 상상의 부로 전신의 기관과 장부의 기능을 연결하는 역할을 한다. 삼초(三焦)는 기화 및 운행작용으로 온몸의 기를 주관한다. 상초(上焦), 중초(中焦), 하초(下焦)로 나누는데, 상초(上焦)는 명치 위쪽의 폐와 심장 · 심포(心包)를 말하며, 자연 청기(自然淸氣)로서 호흡작용을 주로 한다.

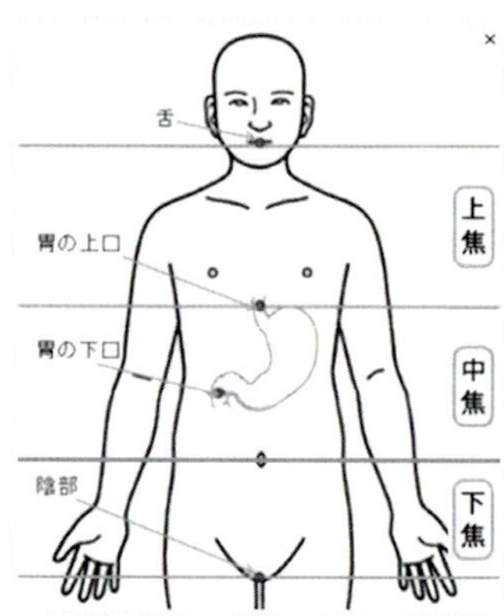

[그림 1-13] 삼초의 구조

중초(中焦)는 횡격막 아래 배꼽까지이며 비 · 위 부분으로 수곡지기(水穀之氣)로서 소화작용을 돕는다. 하초(下焦)는 배꼽 밑의 하복부 부위로 신 · 간 · 방광 · 소장 · 대장의 기능을 도와 선천지기(先天之氣)로서 생식 및 배설작용을 한다.

[표 1-20] 삼초의 기능과 병변

삼초의 기능	인체 병변	미용 병변
전신의 기 순환 및 연결	호흡기 질환, 위장장애, 생식기 장애	전신 비만 및 부종

(12) 장부의 표리관계

장(臟)과 부(腑)는 서로 기능과 작용은 다르지만, 음과 양으로 서로 표리관계가 있으며, 생리 기능면에서도 밀접하게 연계되어 있으므로 장(腸)의 병증은 부(腑)의 건강에 이상을 가져온다.

[표 1-21] 장부의 표리관계

장(腸)의 문제	부(腑)에 미치는 영향
간의 열 (스트레스)	담에 결석이 생기거나 황달, 근의 무력, 경직 등의 이상
심장의 열(화)	심장의 열로 체순환이 막히면 소장에 영향을 미쳐 소화가 안 되고, 소변이 잘 나오지 않는다.
폐의 열	대변이 잘 통하지 않는다. 대장의 열로 폐를 다스리기도 한다.
비장의 기능 저하	비장의 소화, 운행작용의 이상으로 비만의 원인이 되기도 하며, 위에 영향을 미쳐 음식물 소화에 문제가 생긴다.
신장의 기능 저하	방광과 연결 소변 불통, 생식기에도 문제가 발생한다.

스트레스로 인한 간의 열은 담에 결석이 생기거나 근의 무력, 경직 등의 이상을 가져오며, 화로 인한 심장의 열은 체순환을 어렵게 해 소장에 영향을 미쳐 소화불량을 일으킨다. 또한, 폐의 열은 대변이 불통되며, 대장의 열로써 폐의 병증을 다스려 주기도 한다. 비장의 기능 저하는 비장의 소화, 운행작용의 이상으로 비만의 원인이 되기도 하며, 위장의 소화불량을 가져온다. 신장의 문제는 방광과 연결하여 소변불통 및 방광계 질환이 생기며, 생식기에도 문제가 발생한다.

5 병인론(病因論)

병인(病因)은 인체 음양(陰陽)의 균형이 깨지면서 질병을 발생시키는 원인으로 외인(外因)과 내인(內因)으로 나누는데, 내인은 질환에 걸리기 쉬운 소인 및 유전적 영향이 있으며, 외인은 외부 환경으로부터 발생하는 병의 원인이다.

1) 내인(內因)

내인(內因)은 일반적으로 나이, 체질, 성별, 인종 등 질환에 걸리기 쉬운 소인과 유전적 영향에 의한 병의 요인이다.

2) 외인(外因)

외인(外因)은 외부로부터 들어오는 병의 원인이며, 풍(風)·한(寒)·서(暑)·습(濕)·조(燥)·화(火) 등 육기(六氣)의 기후 변화에 의하여 발병하는 원인으로 육음(六淫)이라고도 한다.

(1) 풍(風)

풍(風)으로 인한 병은 가볍게 감기이지만 경락이 불통하면 팔다리 저림, 언어장애, 안면마비 등이 발생하며, 심하면 뇌졸중이나 반신불수가 될 수 있다.

(2) 한(寒)

한(寒)은 음사(陰邪)로 양기(陽氣)를 손상시킨다. 몸이 춥고, 목무가 차며 설사를 일으킨다.

(3) 서(暑)

서(暑)는 열에 의한 병으로 얼굴이 붉으며, 땀을 많이 흘려 기허를 일으키고 갈증이 나 물을 많이 마신다. 상부의 열로 인해 가슴이 답답하고 천식이 발생할 수 있다. 변이 무르고 수족이 저리고 아프다.

(4) 습(濕)

습(濕)은 몸을 무겁게 하여 팔과 다리에 부종이 오고 관절에 영향을 미친다. 변이 무르며, 소변량이 적고, 여자는 냉대하가 많다. 술로 인해 안면마비, 언어장애, 중풍이 올 수 있으므로 주의한다.

(5) 조(燥)

조(燥)는 건조하여 진액을 손상시키며 입, 코, 피부 및 모발까지 건조해진다. 소변량이 적고 대변이 굳어 변비 증상이 있다.

(6) 화(火)

화(火)은 양사((陽邪)로 음기(陰氣)를 손상시키며, 열로 인해 고열과 땀이 많이 나고, 진액이 손상되어 갈증이 나며, 소변량이 적다. 화의 열로 인해 코피, 토혈, 혈뇨, 빈혈, 월경 과다 등이 발생한다.

P/A/R/T **2**

경락과 경혈

P/A/R/T 2

경락과 경혈

1 경락(經絡)

1) 경락(經絡)의 의미와 계통(繼統)

경락(經絡)은 한의학의 원서라고 할 수 있는 『황제내경』에 음양오행설, 장상학설, 경락학설 등 구체적인 이름이 나왔으며, 경락학설에서는 인체를 12경맥으로 나누어, 인체의 선로와 경혈 등을 적어 놓았고, 인체를 하나의 종합적인 유기체로 보았다. 경(經)은 경맥(經脈)이라 하고 전신을 연결할 수 있는 통로이며 인체의 심부를 순행한다. 락(絡)은 낙맥(絡脈)으로 경맥과 연결되어 있는 인체의 천부를 순행한다. 즉 경락은 전신의 기(氣)와 혈(血)을 운행하고, 오장육부(五臟六腑)와 사지관절(四肢關節)을 연락하며, 상하내외(上下內外)를 연계하는 선로를 말한다.

(1) 경맥(經脈)

경락의 큰 원줄기로서 인체를 상하로 종행하며 몸속 깊이 분포되어 있고 12정경맥과 기경팔맥이 있다.

① 12경맥(經脈)

경맥(經脈)은 팔과 다리에 좌와 우로 삼음경(三陰經), 삼양경(三陽經)이 있어 12경맥이라 하며, 팔에 분포하는 경맥을 수삼음, 수삼양이라 하고, 다리에 분포하는 경맥을 족삼음, 족삼양이라 한다. 삼음의 이름은 태음(太陰), 소음(少陰), 궐음(厥陰)이고, 삼양의 이름은 태양(太陽), 양명(陽明), 소양(少陽)이다. 소음은 음기가 처음 일어날 때, 태음은 음기가 왕성할 때, 궐음은 음기가 소멸할 때를 뜻한다. 반대로 소양은 양기가 발생할 때, 태양은 양기가 왕성할 때, 양명은 양기가 극에 달할 때를 뜻한다.

오장육부와 사지관절을 연결한 12경맥(經脈)은 손[手]으로 6경맥, 발[足]로 6개의 경맥이 흐르며 서로 상하(上下) 내외(內外), 구통(泃通)한다. 손으로 흐르는 6경맥은 폐와 연결되어 엄지로 흐르는 수태음폐경(手太陰肺經), 대장과 연결되어 검지로 흐르는 수양명대장경(手陽明大腸經), 경락에서만 존재하는 심포와 연결되어 중지로 흐르는 수궐음심포경(手厥陰心包經), 삼초와 연결되어 무명지로 흐르는 수소양삼초경(手小陽三焦經), 심장과 연결되어 소지 내측으로 흐르는 수소음심경(手小陰心經), 소장과 연결되어 소지 외측으로 연결된 수태양소장경(手太陽小腸經)이 있으며, 발로 연결된 6경맥은 비장과 연결되어 엄지 내측으로 흐르는 족태음비경(足太陰脾經), 간장과 연결되어 엄지 외측으로 흐르는 족궐음간경(足厥陰肝經), 위장과 연결되어 검지로 흐르는 족양명위경(足陽明胃經), 담낭과 연결되어 4번째 발가락으로 흐르는 족소양담경(足小陽膽經), 방광과 연결되어 새끼발가락으로 흐르는 족태양방광경(足太陽膀胱經), 신장과 연결되어 발바닥 안쪽으로 흐르는 족소음신경(足小陰腎經)이 있다.

[표 2-1] 12경맥의 분류

구분	구분	경맥	유주
12경맥	수(手) 삼음경(三陰經)	수태음폐경	상지내측전연: 중부-소상(11혈)
		수궐음심포경	상지내측중연: 천지-중충(9혈)
		수소음심경	상지내측후연: 극천-소충(9혈)
	수(手) 삼양경(三陽經)	수양명대장경	상지외측전연: 상양-영향(20혈)
		수소양삼초경	상지외측중연: 관충-사죽공(23혈)
		수태양소장경	상지외측후연: 소택-청궁(19혈)
	족(足) 삼양경(三陽經)	족양명위경	하지외측전연: 승읍-여태(45혈)
		족소양담경	하지외측중연: 동자료-족규음(44혈)
		족태양방광경	하지외측후연: 정명-지음(67혈)
	족(足) 삼음경(三陰經)	족태음비경	하지내측전연: 은백-대포(21혈)
		족궐음간경	하지내측중연: 대돈-기문(14혈)
		족소음신경	하지내측후연: 용천-수부(27혈)

② 기경팔맥(奇經八脈)

12경맥에서 갈라져 나온 것으로 12경맥과는 별도로 고유한 경혈을 가지고 있는 독맥(督脈)과 임맥(任脈)을 비롯하여 고유한 경혈이 없는 충맥(衝脈)·대맥(帶脈)·양교맥(陽蹻脈)·음교맥(陰蹻脈)·양유맥(陽維脈)·음유맥(陰維脈) 등 8개의 맥을 말한다. 경맥의 기혈을 통솔, 연락, 조절 및 저장한다.

[표 2-2] 기경팔맥의 분류

구분	내용
음맥(陰脈)	임맥전정중선: 회음-승장(24혈), 대맥, 음유맥, 양유맥
양맥(陽脈)	독맥후정중선: 장강-은교(28혈), 충맥, 양유맥, 양교맥

③ 12경별(經別)

12정경에서 갈라지고 표리가 되는 경락을 연결하는 지맥으로 사지(四肢)에서 시작하고 체내에서 순행하며 장부를 서로 연결한다.

④ 12경근(經筋)

12경맥의 기가 근육, 관절에 분포되어 있고, 유주는 사지 말단에서 흉복부를 지나 머리로 향한다. 전신의 근육을 연락하고, 골격의 관절 운동을 주관한다.

⑤ 12피부(皮膚)

경락의 체표에 분포한 부위로 신체를 보호하고 사기를 방어한다.

(2) 낙맥(絡脈)

12경맥에서 횡으로 갈라진 곁가지의 비교적 큰 맥으로서 그물과 같이 피부, 장부 기관, 공규 등을 하나의 유기체로 연결하며 대부분 표층에 위치한다. 경락은 표피에서부터 혈락 - 부락 - 손락 - 낙맥 - 대락 - 경맥순으로 분포되어 있다.

[표 2-3] 공규(몸에 있는 9개의 구멍)

양규(머리에 위치)	귀(2), 눈(2), 코(2), 입
음규(몸 아래에 위치)	전음(前陰: 요도), 후음(後陰: 항문)

[표 2-4] 낙맥의 분류

손락(孫絡)	낙맥에서 갈라져 나간 가장 작은 맥으로 전신에 분포하고 기혈을 운행
부락(浮絡)	표피에 가장 얕고 넓게 말초 부위에 분포하고 체표에 떠 있는 것으로 경맥과 체표를 소통
혈락(血絡)	부락 가운데 피부로 노출된 아주 가늘고 작은 지맥

(3) 경락의 유주 순서

12경맥의 흐르는 기혈 방향을 유주라 하며, 각 경맥은 순차적으로 끊임없이 순환하고 건강한 사람은 하루 50회씩 운행하기도 한다.

① 수태음폐경: 가슴의 외측 쇄골 밑(중부) → 엄지손가락 내측(소상)

② 수양명대장경: 검지 내측 끝지(상양) → 코 옆(영향)

③ 족양명위경: 눈동자 아래(승읍) → 검지발가락 외측 끝(여태)

④ 족태음비경: 발의 엄지 내측(은백) → 액와 밑(대포)

⑤ 수소음심경: 액와(극천) → 새끼손가락 내측(소충)

⑥ 수태양소장경: 소지 외측(소택) → 귀 앞(청궁)

⑦ 족태양방광경: 눈 앞머리(정명) → 새끼발가락 외측(지음)

⑧ 족소음신경: 발바닥(용천) → 쇄골 아래(수부)

⑨ 수궐음심포경: 유방 외측(천지) → 중지 내측(중충)

⑩ 수소양삼초경: 네 번째 손가락 외측(관충) → 눈썹 바깥 끝(사죽공)

⑪ 족소양담경: 눈꼬리(동자료) → 네 번째 발가락 외측(규음)

⑫ 족궐음간경: 검지 외측(대돈) → 11늑골 밑(기문)

(4) 유주 시간에 따른 24시간 건강한 생활법

유주 시간은 다음과 같다.

- 子(자): 쥐시, 23~1시
- 丑(축): 소시, 1~3시
- 寅(인): 범시, 3~5시
- 卯(묘): 토끼시, 5~7시
- 辰(진): 용시, 7~9시
- 巳(사): 뱀시, 9~11시
- 午(오): 말시, 11~13시
- 未(미): 양시, 13~15시
- 申(신): 원숭이시, 15~17시
- 酉(유): 닭시, 17~19시
- 戌(술): 개시, 19~21시
- 亥(해): 돼지시, 21~23시

[표 2-5] 유주 시간에 따른 24시간 건강한 생활법

시	시간	동물	기관(장부)	작용	생활법
자	밤 11 ~1시	쥐	담	발효	취침 시작: 몸이 따뜻해지며 몸의 원동력인 진액(영양) 공급이 이루어짐
축	새벽 1 ~3시	소	간	배분	충분한 수면: 간에서 깨끗한 피를 온몸으로 보내는 시간(해시부터 잠들면 아침이 쾌적함)
인	새벽 3 ~5시	범	폐	호흡	기상: 폐의 기능이 왕성(호흡으로 전신에 기운 전달)
묘	아침 5 ~7시	토끼	대장	배설	배변: 몸속 찌꺼기 배출, 폐 기능 왕성하면 대장 기능이 활발해짐
진	오전 7 ~9시	용	위	소화	식사: 진시에 식사를 규칙적으로 하면 건강하고, 과식은 피부에 좋지 않음
사	오전 9 ~11시	뱀	비장	저장	일과 시작: 섭취한 에너지를 각 기관에 보내 세포에 영양 공급
오	오전 11 ~1시	말	심장	순환	심신 이완: 혈액이 전신에 공급되는 시간. 과로 및 운동을 피하고 간단한 식사와 휴식을 취함
미	오후 1 ~3시	양	소장	전환	열심히 일하는 시간: 영양분을 흡수하여 세포에 에너지 공급
신	오후 3 ~5시	원숭이	방광	보호	짧은 휴식 및 정돈: 많은 신체 활동으로 인해 몸의 배출 능력 저하. 마사지하기 좋은 시간
유	오후 5 ~7시	닭	신장	정기	귀가 및 저녁 식사: 노폐물 제거 후 영양 공급 시기, 부담 적은 음식 섭취 후 휴식
술	오후 7 ~9시	개	심포		금식 및 취침 준비: 과로 과식은 몸의 열 상승을 일으켜 피로 및 불면 발생
해	오후 9 ~11시	돼지	삼초		따뜻한 취침 시간: 혈액이 깨끗해지는 정혈 및 재생 시간

2) 경락의 작용

인체에서의 경락의 작용에는 생리면 · 병리면 · 진단면 및 치료면 등이 있다.

생리면은 장부 소통, 기혈 운행, 외사 침습에 저항, 자극 전도를 통하여 인체의 정상적인 생리 기능을 수행한다. 병리면은 외사 침습 시, 그 내부 장기와 유관한 체표면에 경락의 작용으로 이상 증상이 나타난다. 진단면은 경락 순행 노선상의 체표면에 드러난 경락 이상을 통해 진단이 가능하다. 치료면은 장부의 이상으로 나타나는 경락 노선의 경혈 및 기혈 등을 침, 뜸, 약물을 통하여 치료하는 것이다.

3) 경락(經絡)과 미용 경락(美容經絡)

인체는 어느 한 곳의 이상 증세로 인해 경락이 막히면 상호관계에 있는 경락 선로에 동통을 일으키고 그에 따른 병증을 나타낸다. 예를 들어 위가 안 좋은 사람은 얼굴로 흐르는 경락 선로인 입 주위에 뾰루지가 생기며, 위와 연결되어 있는 발의 두 번째 발가락에 굳은살이나 모양의 변형이 온다. 질병 치료 시, 현대 의학에서는 첨단 기계를 사용하므로 검사나 병의 진단이 정확하고 치료 방법도 우수하다. 그러나 병의 예방에 있어서 어느 정도 한계가 있고 치료 방법에서도 제한점이 많으므로 의술과 더불어 대체요법을 병행하기도 한다.

중국에서는 경락을 주로 침, 뜸, 안마, 추나 등으로 경혈을 자극하여 병을 예방하고 치료하고 있으며, 미국이나 유럽에서도 대체요법 중 경락의 효율성이 인정되어 산전, 산후 관리나 임산부 관리 등에 경락요법을 활용하고 있다. 한국에서는 한의원에서의 침, 뜸, 지압 외에 미용 개선을 위하여 경락에 추나, 안마, 유법, 권법, 찰법, 진동법 등을 적용하여 외적인 아름다움을 가꾸는 데 이용한다.

미용 경락이란 경락의 선로와 경혈을 자극해서 장부 및 인체 기관의 병변 증세의 개선과 더불어 외부적인 미용의 효과를 나타낸다. 즉 병증이 있는 부위에 경혈과 경락을 소통시켜 주는 추나, 안마, 유법, 권법, 찰법, 진동법 등 여러 방법을 시행하여 장부의 병변 증상을 개선시키고, 병증 개선을 통한 외부적인 미용의 효과가 전신에 나타나는 것을 말한다. 예를 들면 변비 증상이 있는 사람에게 복부 경락요법을 여러 차례 시술하면 변비 증세가 개선되고, 복부까지 날씬해진 결과를 볼 수 있다. 또한, 대장의 이상 증세로 인한 턱 밑의 여드름이 점점 옅어지고, 얼굴색이 맑아지는 효과가 있다.

미용 경락은 미용적 변이를 장부와 연계성을 가지고 원인이 된 해당 경맥을 관리하기 때문에 일시적이거나 표피적인 증세의 호전이 아닌 지속적이고 근본적인 효과가 있다.

2 경혈(經穴)

경락의 선로에는 중요한 경혈(經穴)이 있다. 경혈은 장부와 연결하여 경락을 통하게 하는 중요한 혈이며, 12정경(十二正經)의 경혈과 기경팔맥(奇經八脈) 중의 임맥(任脈)과 독맥(督脈)의 경혈을 합하여 14경의 경혈로 361개가 분포되어 있다. 옛 의학서마다 기록된 수가 다른데 『동의보감(東醫寶鑑)』에는 355개, 『침구대성(鍼灸大成)』에는 359개, 『십사경발휘(十四經發揮)』·『갑을경(甲乙經)』 등에는 354개로 기록되었다. 1989년 제네바에서 '세계보건기구(WHO: Wolrd Health Organization) 제정 표준 경혈명' 361개를 확정하여 사용하고 있으며, 이 혈에 침이나 뜸, 어떤 자극 등을 주게 되면 경락의 선로와 연결되어 있는 장부의 병증을 예방, 치료하여 생명 활동에 영향을 미친다.

1) 경혈

[표 2-6] 경혈의 분류

단혈	임맥과 독맥에 위치한 하나밖에 없는 혈
쌍혈	임백과 독맥을 제외한 좌우 대칭에 위치한 이름은 하나이지만 두 곳에 위치한 혈

2) 기혈(氣穴)

12경맥과 기경팔맥에 존재하지 않는 경외기혈로 머리, 흉복부, 배부, 상하지부에 다양하게 분포되어 있어 임상적으로 효과가 있다.

3) 아시혈(阿是穴)

아시혈은 병으로 아픈 부위를 눌렀을 때 아픈 부위가 곧 혈자리가 된다는 의미이다. 경맥상에 존재하지는 않으나 누르면 압통과 시원함을 느끼는 이름 없는 부위인데, 천응혈(天應穴) · 응통혈(應痛穴) · 부정혈(不定穴)이라고도 한다. 아시혈은 장부의 병증이 장부에 위치한 체표면에 나타나는 압통점이라 할 수 있다.

4) 특정혈

(1) 원혈(元血)

장부와 연결된 사지의 관절 부위에 분포한 혈이며, 장부의 원기(元氣)가 지나가고 머무는 혈로 내장의 병변 증상을 알 수 있다. 12정경맥 팔과 다리에 각 하나의 원혈이 있어 십이원(十二原)혈이라고 하며, 장부의 병변 증상은 원혈을 자극하여 치료하기도 한다.

[표 2-7] 경맥의 원혈

경맥	경맥과 경혈		경맥과 경혈		경맥과 경혈	
수삼음경	수태음폐경	태연	수소음심경	신문	수궐음심포경	대릉
수삼양경	수양명대장경	합곡	수태양소장경	완골	수소양삼초경	양지
족삼음경	족태음비경	태백	족소음신경	태계	족궐음간경	태충
족삼양경	족양명위경	충양	족태양방광경	경골	족소양담경	구허

(2) 낙혈(絡血)

경맥에서 낙맥에 갈라지는 분지점으로 낙맥(絡脈)에 소속되어 있는 혈이다. 사지 부위에 경맥을 연결시켜 주므로 낙혈에 의하여 12정경맥은 서로 동하게 되며, 팔꿈치와 무릎 관절 아래에 각각 하나씩 있는 십이경맥의 낙혈은 표리관계에 의하여 치료한다.

[표 2-8] 경맥의 낙혈

경맥	경맥과 경혈		경맥과 경혈		경맥과 경혈	
수삼음경	수태음폐경	열결	수소음심경	통리	수궐음심포경	내관
수삼양경	수양명대장경	편력	수태양소장경	지정	수소양삼초경	외관
속삼음경	족태음비경	공손	족소음신경	대종	족궐음간경	여구
족삼양경	족양명위경	풍륭	족태양방광경	비양	족소양담경	광명
임, 독, 비대락	임맥	구미	독맥	장강	비대락	대포

(3) 극혈(隙穴)

경맥 내 뼈와 살 사이 틈새에 위치하고 기혈이 깊게 모이는 곳으로 십이경맥, 음교맥, 양교맥, 음유백 및 양유맥에 하나씩 모두 열여섯 개의 극혈이 사지의 팔꿈치와 무릎 아래 위치한다. 극혈은 주로 해당 경맥과 장부의 급성 병증과 출혈에 많이 사용되며 안압을 통하여 허증 및 실증을 진단할 수 있다.

(4) 모혈(慕穴)

장부의 기가 흉복부에 집결한 경혈로 복모혈이라고도 한다. 모혈의 위치는 장부와 가깝고 모혈은 장부의 위치에 따라 결정되며, 장부의 질병은 모혈에 반응이 나타난다. 배수혈과 반대로 모혈은 흉복부에 있어 음(陰)에 속한다. 모혈은 복부에 위치하고 있어 장부 병변의 진단 및 치료가 가능하다.

[표 2-9] 경맥의 극혈

음경	극혈	양경	극혈
수태음폐경	공최	수양명대장경	온류
수궐음심포경	극문	수소양삼초경	회종
수소음심경	음극	수태양소장경	양로
족태음비경	지기	족양명위경	양구
족궐음간경	중도	족소양담경	외구
족소음신경	수천	족태양방광경	금문
음유맥	축빈(신경)	양유맥	양교(담경)
음교맥	교신(신경)	양교맥	부양(방광경)

[표 2-10] 경맥의 모혈

양측 모혈		정중선 모혈	
폐	중부(폐경)	심포	전중(임맥)
간	기문(간경)	심	거궐(임맥)
담	일월(담경)	위	중완(임맥)
비	장문(간경)	삼초	석문(임맥)
신	경문(담경)	소장	관원(임맥)
대장	천추(위경)	방광	중극(임맥)

(5) 배유혈(背兪穴)

오장육부의 기가 등의 특정한 곳에 모이는 배유혈(배수혈)은 방광경 1선에 있는 경혈로 배부(背部)에 있어 양에 속한다. 방광 1경을 눌렀을 때 나타나는 통증으로 내부 장부의 병변 증상을 알 수 있으므로 배유혈을 통하여 진단 및 치료가 가능하다.

[표 2-11] 경맥의 배유혈

배유혈		배유혈	
폐	폐수(흉추 3)	위	위수(흉추 12)
심포	궐음수(흉추 4)	삼초	삼초수(요추 1)
심	심수(흉추 5)	신	신수(요추 2)
간	간수(흉추 9)	대장	대장수(요추 4)
담	담수(흉추 10)	소장	소장수(천추 1)
비	비수(흉추 11)	방광	방광수(천추 2)

(6) 회혈

① 팔회혈(八會穴)

장(臟), 부(腑), 기(氣), 혈(血), 근(筋), 맥(脈), 골(骨), 수(髓)의 정기(精氣)가 집합하는 혈을 말한다.

[표 2-12] 팔회혈의 분포

팔회	장회	부회	기회	혈회	근회	맥회	골회	수회
혈위	장문	중완	단중	격유	양릉천	태연	대저	절골
속경	간경	임맥	임맥	방광	담경	폐경	방광	담경

② 팔맥교회혈(八脈交會穴)

기경팔맥과 12경맥이 교회하는 경혈로서 기경과 통하므로 기경과 관련되는 질병을 진단 및 치료한다. 팔맥교회혈은 팔꿈치(주관절) 아래에 위치한 내관, 후계, 외관, 열결, 조해가 있으며, 무릎 아래(슬관절) 아래 위치한 공초, 신맥, 임읍 등이 있다. 치료 범위가 넓고 효과적인 혈이므로 임상에서 많이 쓰인다.

③ 교회혈(交會穴)

여러 경맥이 만나 서로 교차하는 하나의 경혈인 교회혈은 여러 경맥이 하나의 경혈을 통과하게 될 때, 그 중 가장 중요한 경맥을 본경(本經)이라 하고, 서로 교회하는 경맥을 인경(隣經) 또는 타경(他經)이라 한다.

교회혈은 2개 이상의 경맥이 서로 교차되거나 교회하는 부위의 침혈을 말하는데, 삼음교처럼 본경인 족궐음비경을 비롯하여 교회경맥인 간경, 신경 등 세 경맥이 교차하므로 하나의 혈로 여러 경맥의 치료가 가능하다. 그 외에도 중부혈(수태음, 족태음의 교회혈), 대추혈(삼양경과 독맥의 교회혈)이 있다.

(7) 하합혈(下合穴)

육부 하합혈은 육부의 기가 하지의 족삼양경에서 모이는 6개 경혈이다. 육부의 병증을 치료한다.

[표 2-13] 하합혈의 분포

육부	위	대장	소장	삼초	방광	담
하합혈	족삼리	상거허	하거허	위양	위중	양릉천

(8) 오수혈(五腧穴)

팔꿈치와 무릎 아래에 위치한 오수혈은 사지의 말단 부위에서 무릎과 팔꿈치 방향으로, 얕은 곳에서 깊은 곳으로, 그리고 작은 곳에서 큰 곳으로 흐르는 것을 물줄기에 비유하여 정(井) · 형(滎) · 수(兪) · 경(經) · 합(合)이라 하였다.

정(井)은 경맥의 기가 처음 나오는 곳으로 대부분 사지의 손톱 및 발톱에 위치한다. 형(滎)은 물줄기가 가늘게 조금씩 흐를 수 있는 것에 비유하며, 손가락과 발가락 또는 손바닥과 발바닥에 위치한다. 수(兪)는 물이 점차 많아지고 크게 흐름을 비유하며, 팔목이나 발목 관절 부위에 위치한다. 경(經)은 물이 왕성하고 길게 흐름을 비유하며, 팔뚝과 정강이 부위에 위치한다. 합(合)은 강물이 바다로 흘러가듯 맥류의 깊고 큼을 나타내고, 팔꿈치나 무릎 관절 부위에 위치하며 장부에 이른다.

[표 2-14] 오수혈의 분포

경맥	정목혈	형화혈	유토혈	경금혈	합수혈
수태음폐경	소상	어제	태연	경거	척택
수궐음심포경	중충	노궁	대릉	간사	곡택
수소음심경	소충	소부	신문	영도	소해
족태음비경	은백	대도	태백	상구	음릉천
족소음신경	용천	연곡	태계	복류	음곡
족궐음간경	대돈	행간	태충	중봉	곡천

경맥	정금혈	형수혈	유옥혈	경화혈	합토혈
수양명대장경	상양	이간	삼간	양계	곡지
수소양삼초경	관충	액문	중저	지구	천정
수태양소장경	소택	전곡	후계	양곡	소해
족양명위경	여태	내정	함곡	해계	족삼리
족소양담경	규음	협계	임읍	양보	양릉천
족태양방광경	지음	통곡	속골	곤륜	위중

[표 2-15] 6음경의 오수혈과 오행의 배속표

6개 음경		정(목)	형(화)	수(토)	경(금)	합(수)
수3음	수태음폐경(금)	소상	어제	태연	경거	척택
	수궐음심포경(상화)	중충	노궁	대릉	간사	곡택
	수소음심경(화)	소충	소부	신문	영도	少海
족3음	족태음비경(토)	은백	대도	태백	상구	음릉천
	족궐음간경(목)	대돈	행간	태충	중봉	곡천
	족소음신경(수)	용천	연곡	태계	복류	음곡

[표 2-16] 6양경의 오수혈과 오행의 배속표

6개 양경		정(금)	형(수)	수(목)	경(화)	합(토)
수3양	수양명대장경(금)	상양	이간	삼간	양계	곡지
	수소양삼초경(상화)	관충	액문	중저	지구	천정
족3양	수태양소장경(화)	소택	전곡	후계	양곡	小海
	족양명위경(토)	여태	내정	함곡	해계	족삼리
	족소양담경(목)	규음	협계	족임읍	양보	양릉천
	족태양방광경(수)	지음	통곡	속골	곤륜	위중

5) 경혈 취혈법

(1) 지촌법

손가락 기준으로 취혈하는 방법이다.

- 중지동신촌법: 중지 2번째 마디 안쪽 횡문 폭을 1촌으로 한다.
- 모지횡촌법: 엄지 끝마디 횡문 폭을 1촌으로 한다.

- 양횡지: 중지의 2번째 관절 기준으로 검지와 중지의 횡지를 합한 폭 길이를 1.5촌이라 한다.
- 횡지동신촌법: 중지의 2번째 관절 기준으로 4 횡지를 합한 폭 길이를 3촌이라 한다.

(2) 골도분촌법

일정 부위를 등분하여 취혈하는 것으로 신체 부위에 따라 신축성 있게 취혈이 가능하다.

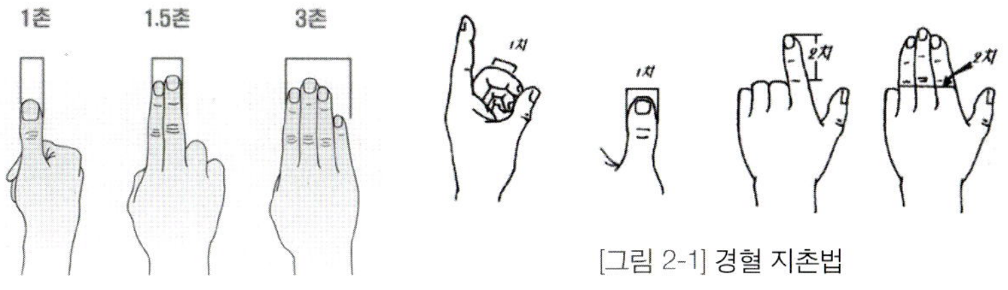

[그림 2-1] 경혈 지촌법

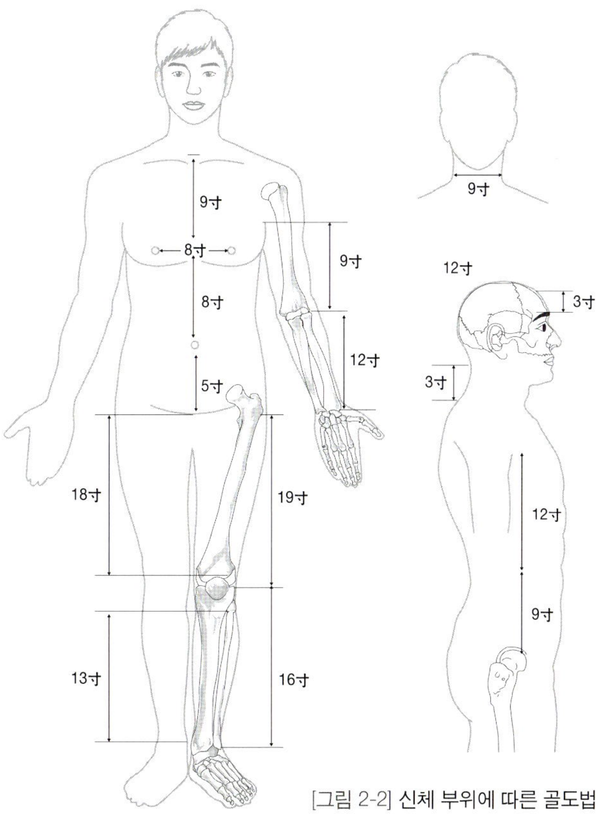

[그림 2-2] 신체 부위에 따른 골도법

③ 기경팔맥(奇經八脈)

12경맥처럼 규칙적으로 흐르지 않고 오장육부와 연계되는 관계가 없으며 경맥 간의 표리관계도 없어 기경이라고 한다. 12경맥 사이를 가로, 세로로 지나면서 12경맥을 연결시키고 12경맥의 기와 혈을 조절한다.

기경팔맥은 임맥, 독맥, 대맥, 충맥, 음교맥, 양교맥, 음유맥, 양유맥을 가리킨다. 임맥은 음의 경락을 총괄하고, 독맥은 양의 경락을 총괄한다. 대맥은 허리 부위의 가로 맥을 관할하고, 충맥은 세로 맥을 통하여 삼음과 삼양을 관할한다. 음유맥은 음을 연계하여 모든 음의 경락을 조합하고, 양유맥은 양을 연계하여 모든 양의 경락을 조합한다. 기경팔맥 중에서 임맥과 독맥만 자체의 경혈을 가지고 있어 임상에서 많이 쓰이고 중요한 의의가 있으므로 임맥과 독맥을 합쳐서 14경맥이라고 한다.

1) 임맥(任脈)

몸의 전정중선에 분포된 경맥으로 24개의 경혈로 이루어져 있다. 전신의 음의 경락을 주관하여 음경의 기와 혈을 조절한다. 복부 중앙선을 상행하여 수족삼음경 및 음유맥과 화합하여 온몸의 음경을 총괄한다. 족태양방광경, 수태양소장경, 수소양삼초경, 족양명위경, 수소음심경, 수궐음심포경의 모혈이 모여 있어 각각의 질병을 진단하는데 중요한 경맥이다. 생식기 질환, 복부 비대, 여성의 부인과 질환 및 임신과 관련이 깊다.

(1) 순행 경로

하복부 중극혈 아래에서 시작하여 회음부로 나와 외음부를 지나 배꼽을 거쳐 흉부, 후두를 지나 아랫입술 밑에 이른다. 아랫입술 밑에서 둘로 나뉘어져 입술을 돌아 은교에서 독맥과 만나고 다시 갈라져서 안면으로 나와 눈 밑의 승읍혈에서 족양명위경과 만난다.

(2) 주요 병증

임맥의 순행이 원활하지 않으면 남자는 요통, 비뇨기계 질환이 생기고 여자는 냉 대하, 월경 이상, 유산, 불임, 하복부 통증 등의 부인과 질환이 나타난다. 또한, 피부의 착색, 복부 비만증, 방광 질환을 초래할 수 있으며 기침, 가래 등의 호흡기 질환도 일으킨다.

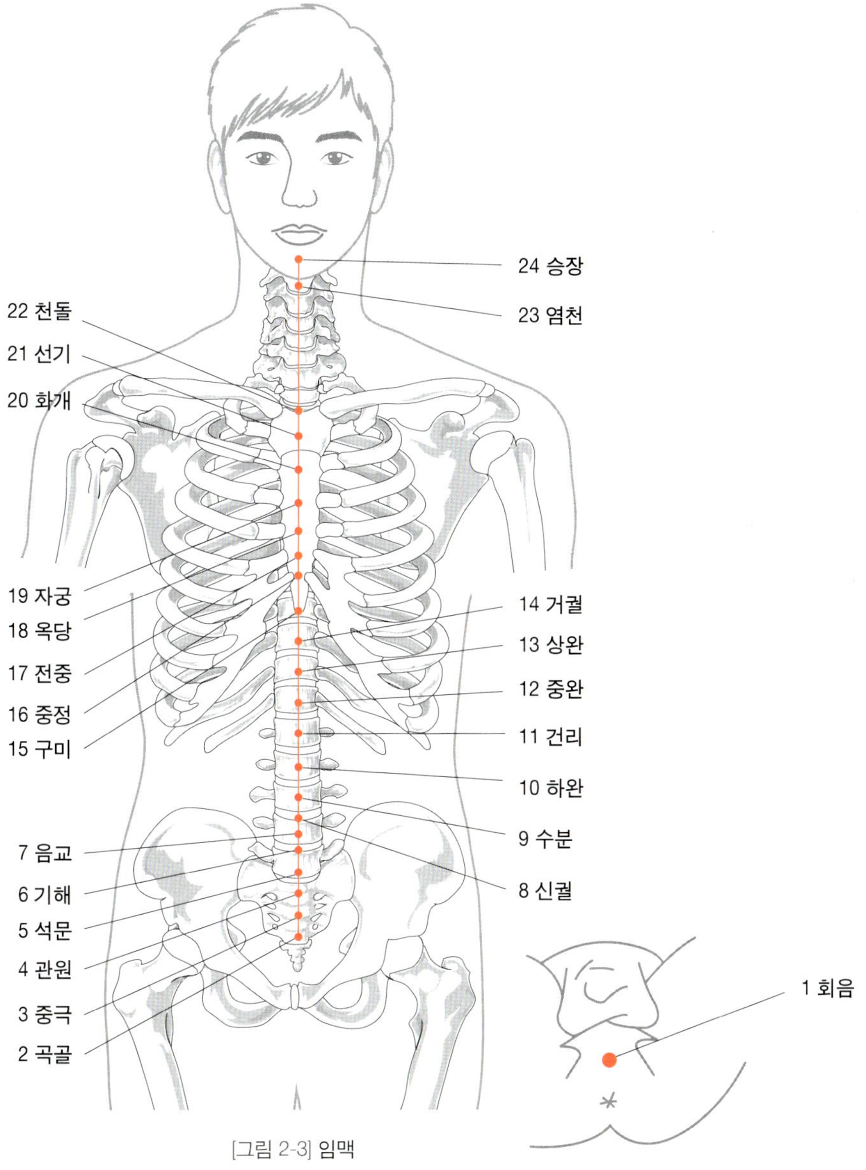

[그림 2-3] 임맥

(3) 경혈의 위치와 적용

① 회음

- 위치: 회음부의 중앙, 전음과 후음 사이
- 적용: 치질, 월경 이상, 자궁출혈, 배뇨 곤란

② 곡골

- 위치: 배꼽 5촌 아래
- 적용: 월경 이상, 배뇨 곤란, 생식기 질환

③ 중극(족태양방광경의 모혈)

- 위치: 곡골혈 1촌 위, 배꼽 4촌 아래
- 적용: 신장염, 야뇨증, 배뇨 곤란, 생리불순, 생리통, 생식기 질환

④ 관원(수태양소장경의 모혈)

- 위치: 중극혈 1촌 위, 배꼽 3촌 아래
- 적용: 강장작용, 빈뇨, 생리불순, 생리통, 불임증, 복통

⑤ 석문(수소양삼초경의 모혈)

- 위치: 관원혈 1촌 위, 배꼽 2촌 아래
- 적용: 배뇨 곤란, 생리불순, 신장염, 복통, 설사, 소화불량, 방광염

⑥ 기해

- 위치: 석문혈 0.5촌 위, 배꼽 1.5촌 아래
- 적용: 복통, 생리불순, 생식기 질환, 요통, 신경쇠약

⑦ 음교

- 위치: 기해혈 0.5촌 위, 배꼽 1촌 아래
- 적용: 복통, 생리불순, 요통, 방광염

⑧ **신궐**

- 위치: 배꼽 중앙
- 적용: 복통, 강장작용

⑨ **수분**

- 위치: 신궐혈 1촌 위
- 적용: 복통, 장염, 위장염, 신장염, 소변불리

⑩ **하완**

- 위치: 수분혈 1촌 위, 신궐혈 2촌 위
- 적용: 복통, 위장염, 소화불량

⑪ **건리**

- 위치: 하완혈 1촌 위, 신궐혈 3촌 위
- 적용: 위장질환, 소화불량, 식욕부진, 급성, 만성위염, 구토, 위궤양

⑫ **중완(족양명위경의 모혈)**

- 위치: 건리혈 1촌 위, 신궐혈 4촌 위, 명치와 배꼽 중앙
- 적용: 위장질환, 우울증, 불면증, 복통, 구토, 변비

⑬ **상완**

- 위치: 중완혈 1촌 위, 신궐혈 5촌 위
- 적용: 구토, 트림, 복통, 구취, 황달, 거담

⑭ **거궐(수소음심경의 모혈)**

- 위치: 상완혈 1촌 위, 신궐혈 6촌 위
- 적용: 흉통, 협심증, 구토, 복통, 위경련, 구취, 황달, 거담

⑮ **구미**

- 위치: 흉골 검상돌기 바로 밑
- 적용: 기관지염, 흉통, 구토, 트림, 구취, 횡격막경련, 늑간신경통

⑯ **중정**

▪ 위치: 전중혈 1.6촌 아래

▪ 적용: 식도염, 구토, 트림, 횡격막 경련, 늑간신경통

⑰ **전중(수궐음심포경의 모혈)**

▪ 위치: 제4 늑간 높이 양 유두를 연결했을 때 전정중선

▪ 적용: 심흉통, 기침, 가래, 천식, 구토

⑱ **옥당**

▪ 위치: 제3 늑간 높이 전정중선

▪ 적용: 기침, 가래, 천식, 심흉통, 늑막염

⑲ **자궁**

▪ 위치: 제2 늑간 높이 전정중선

▪ 적용: 늑막염, 기침, 가래, 천식, 심흉통, 구토

⑳ **화개**

▪ 위치: 천돌혈 2촌 아래

▪ 적용: 기침, 가래, 천식, 기관지염, 늑간신경통, 인후염, 심흉통, 구토

㉑ **선기**

▪ 위치: 천돌혈 1촌 아래

▪ 적용: 흉통, 만성기관지염, 인후염, 편도선염, 기침, 가래, 천식

㉒ **천돌**

▪ 위치: 흉골 바로 위 오목한 곳

▪ 적용: 기침, 가래, 천식, 인후염, 편도선염, 흉통, 갑상선염, 성대질환

㉓ **염천**

▪ 위치: 설골 상연 중앙 오목한 곳

▪ 적용: 설염, 실어증, 인후염, 천식, 갑상선염, 기관지염

㉔ **승장**

- 위치: 아래턱 중앙 오목한 곳
- 적용: 안면신경마비, 안면부종, 잇몸염

2) 독맥(督脈)

몸의 후정중선에 분포된 경맥으로 28개의 경혈로 이루어져 있다. 등의 중앙을 순행하면서 수족삼양경 및 양유맥과 교회하고 양의 경락을 다스린다. 6개의 양의 경락은 모두 독맥의 대추혈에서 만나므로 독맥은 양의 경락의 기와 혈을 조절한다. 생식 기능을 주관하며 뇌와 신장의 기능을 반영한다. 독맥은 뇌로 들어가고 신장을 연결시키므로 뇌와 척수의 기능과 관련이 있다.

(1) 순행 경로

아랫배에서 일어나 회음으로 내려가 임맥과 만난 뒤 척추를 따라 퍼진다. 주된 경맥은 견갑부에서 좌우로 나뉘었다가 다시 후정중선에서 합하여 올라가 뒷목의 풍부혈에 이르러 뇌로 들어갔다가 머리 꼭대기로 올라가고 다시 머리의 정중선을 따라 이마, 코, 윗입술을 지나 윗잇몸에서 끝난다.

다른 경맥은 꼬리뼈 끝에서 족태양방광경과 만나고 척추로 들어가 신장과 연결된다. 또 다른 경맥은 아랫배에서 배꼽을 지나 심장에 들어가고 인후에서 임맥과 만나고, 이마 아래를 지나 입술을 돌아 두 눈 사이의 중간에서 끝난다. 또 다른 경맥이 족태양경방광경과 함께 눈가에서 시작하여 이마로 올라가고 정수리에서 좌우로 갈라져 머릿속으로 들어간다.

(2) 주요 병증

독맥의 흐름이 원활하지 않으면 꼬리뼈 부위의 피부가 칙칙하게 되고 냉증, 치질, 요통, 성기능장애 등의 증상이 생길 수 있다. 척추를 따라 순행하므로 척추질환이나 두통, 소화기, 호흡기 등의 다양한 증상이 나타난다.

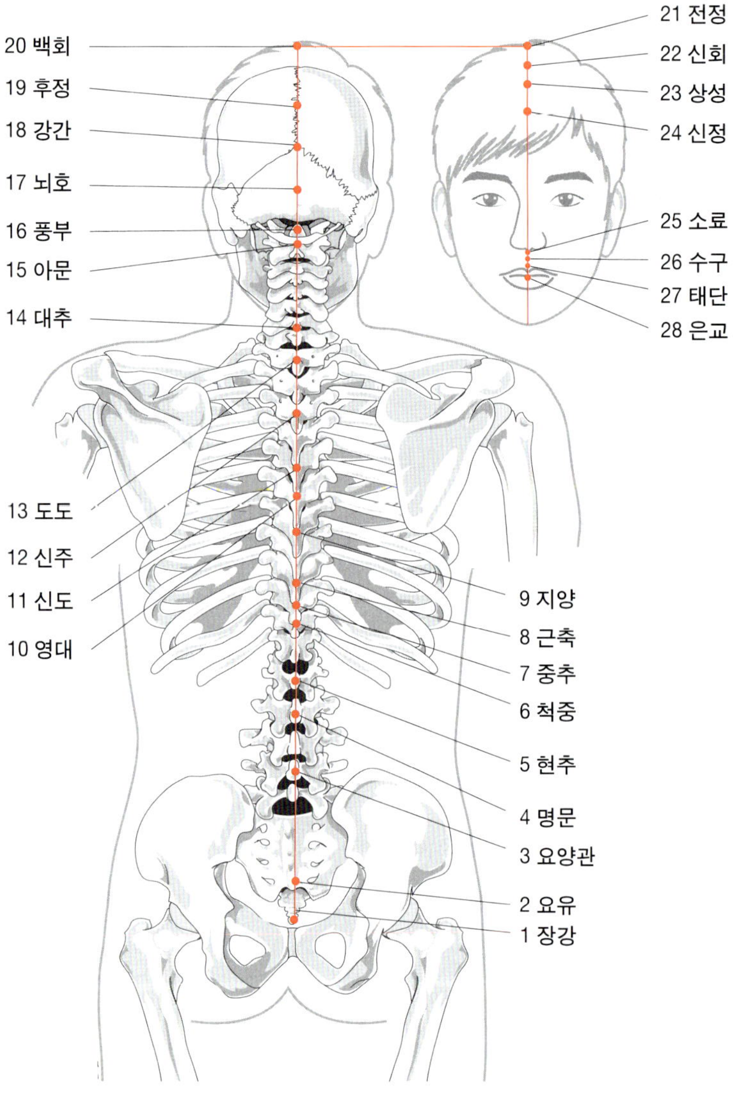

[그림 2-4] 독맥

(3) 경혈의 위치와 작용

① 장강

- 위치: 미골 하단과 항문의 중앙
- 적용: 설사, 변비, 치질, 빈혈, 혈변

② 요유

- 위치: 제4 천추 아래 오목한 곳
- 적용: 요통, 치질, 소화불량, 복통

③ 요양관

- 위치: 제4 요추 극돌기 아래
- 적용: 생리불순, 요통, 좌골신경통, 관절염, 생식기 질환

④ 명문

- 위치: 제2 요추 극돌기 아래
- 적용: 요통, 생리불순, 설사, 척수질환

⑤ 현추

- 위치: 제1 요추 극돌기 아래
- 적용: 소화불량, 요배신경통, 신장염, 설사

⑥ 척중

- 위치: 제11 흉추 극돌기 아래
- 적용: 위경련, 황달, 설사, 만성간염, 감기, 요배통

⑦ 중추

- 위치: 제10 흉추 극돌기 아래
- 적용: 요배통, 황달, 식욕 부진, 감기, 구토, 복통

⑧ 근축

- 위치: 제9 흉추 극돌기 아래
- 적용: 위경련, 요배통, 담낭염, 늑막염, 늑간신경통, 히스테리

⑨ 지양

- 위치: 제7 흉추 극돌기 아래
- 적용: 천식, 소화불량, 황달, 기침, 기관지염, 간염, 담낭염

⑩ **영대**

- 위치: 제6 흉추 극돌기 아래
- 적용: 기침, 천식, 기관지염, 폐렴, 복통

⑪ **신도**

- 위치: 제5 흉추 극돌기 아래
- 적용: 불면증, 히스테리, 뇌신경쇠약, 기침, 천식

⑫ **신주**

- 위치: 제3 흉추 극돌기 아래
- 적용: 발열, 두통, 불면증, 기침, 가래, 천식

⑬ **도도**

- 위치: 제1 흉추 극돌기 아래
- 적용: 발열, 두통, 감기, 불면증, 고혈압, 기침, 가래, 천식, 우울증

⑭ **대추**

- 위치: 제7 경추 극돌기 아래
- 적용: 발열, 두통, 감기, 우울증, 피부 발진

⑮ **아문**

- 위치: 후정중선 후발제 0.5촌 위
- 적용: 두통, 어지럼증, 뇌막염, 후두통, 언어장애

⑯ **풍부**

- 위치: 아문혈 0.5촌 위
- 적용: 두통, 어지럼증, 감기, 후두통, 언어장애

⑰ **뇌호**

- 위치: 풍부혈 1.5촌 위
- 적용: 후두통, 어지럼증, 불면증

⑱ 강간

- 위치: 뇌호혈 1.5촌 위
- 적용: 두통, 현기증, 소아경기

⑲ 후정

- 위치: 강간혈 1.5촌 위
- 적용: 두통, 불면증, 어지럼증, 감기

⑳ 백회

- 위치: 후정혈 1.5촌 위, 좌우 이첨을 연결하는 선과 정중선이 만나는 곳
- 적용: 치질, 두통, 불면증, 어지럼증, 뇌졸중, 고혈압, 코막힘

㉑ 전정

- 위치: 백회혈 1.5촌 앞
- 적용: 두통, 현기증, 어지럼증, 부종, 비염, 고혈압

㉒ 신회

- 위치: 전정혈 1.5촌 앞, 백회혈 3촌 앞, 전발제 2촌 위
- 적용: 두통, 코막힘, 어지럼증, 불면증, 고혈압

㉓ 상성

- 위치: 신회혈 1촌 앞, 백회혈 4촌 앞, 전발제 1촌 위
- 적용: 두통, 비염, 코피, 열병, 눈병, 어지럼증, 불면증, 고혈압

㉔ 신정

- 위치: 전정중선 전발제 0.5촌 위
- 적용: 두통, 비염, 눈병, 어지럼증, 불면증, 고혈압

㉕ 소료

- 위치: 전정중선 코끝 오목한 곳
- 적용: 코질환, 비염, 코피, 천식, 저혈압

㉖ **수구**

- 위치: 전정중선 인중구 1/3 위
- 적용: 안면신경마비, 요통, 뇌출혈, 히스테리, 정신질환

㉗ **태단**

- 위치: 전정중선 윗입술 끝부분
- 적용: 잇몸동통, 잇몸출혈, 구내염, 구취

㉘ **은교**

- 위치: 전정중선 윗입술과 윗잇몸이 만나는 치육 부착부
- 적용: 치통, 구취, 잇몸동통, 구내염, 비염

3) 대맥(帶脈)

세로로 흐르는 모든 경맥에 관여하는 대맥은 허리에서 나와서 비스듬히 복부 앞쪽을 돌아 몸을 한 바퀴 돌아서 마치 허리띠와 같이 종횡하는 모든 경맥을 관할한다. 임신과 관련이 있는 임맥, 독맥, 충맥을 연결하여 포태를 견고하게 한다. 대맥이 사기를 받으면 허리의 근육이 무력해지고 아래로 처진다.

(1) 순행 경로

제2 요추에서 나와 제11 늑골 아래부터 시작하여 허리를 순행하고 비스듬히 복부 앞쪽을 돌아 몸을 한 바퀴 돈 후 다시 내려가 아랫배에 이른다.

(2) 주요 병증

대맥의 순행이 원활하지 않으면 월경불순, 복부 팽만, 허리의 근육이 무력해지는 증상이 나타난다.

4) 충맥

머리에서 발끝까지 온몸을 순행하는 기혈의 요충으로서 임맥, 독맥과 연결

되어 12경맥의 기혈을 받아들여 온몸에 필요한 기혈을 조절하는 기능을 한다. 남녀의 생식 기능과 관계가 깊고 간, 신장, 비장, 위장을 통해 기의 승강운동을 조절한다.

(1) 순행 경로

하복부의 포중(胞中)에서 시작하여 회음부로 나와 세 경맥으로 갈라진다. 한 경맥은 족소음신경과 만나 배꼽 가장자리를 돌아 가슴에 퍼지고 위로 인후를 지나 입술을 돈 후 눈 밑에 이른다.

또한, 경맥은 아랫배에서 나와 독맥과 만나고 복강 뒤쪽을 올라와 척추 안으로 타고 위로 오른다. 또 다른 경맥은 방광 아래에서 기충혈로 나와 대퇴를 지나 오금 한가운데로 들어가서 하퇴 안쪽을 지나 내측 복사뼈 뒤를 돌아 발바닥에 닿는다. 그 한 지맥은 하퇴 안쪽 가장자리에서 다시 내측 복사뼈로 들어가서 발등에 이르고 엄지발가락에 닿는다.

(2) 주요 병증

충맥의 순행이 원활하지 않으면 천식, 심통, 복통, 장명 등의 증상과 생식기 질환 및 부인과 질환이 생긴다.

5) 음교맥(陰蹻脈)

인체의 좌측과 우측의 음을 주관하는 경맥으로 인체를 정면에서 보았을 때 내측으로 순행하면서 족소음신경, 족태양방광경과 회합한다. 눈을 자양하고 하지의 운동에 관여한다.

(1) 순행 경로

발바닥에서 일어나 조해혈에서 시작하여 내측 복사뼈 위쪽으로 올라가 대퇴 안쪽을 따라 올라간 다음 생식기로 들어가서 올라가 흉부를 지나 결분혈로 들어가서 인영혈 앞쪽으로 나온 다음 광대뼈 부위로 들어가 눈 안쪽 모서리에 이어지고, 족태양방광경 정명혈에서 만나 상행한 다음 다시 내려와 눈 부위를 자양한다.

(2) 주요 병증

음교맥의 순행이 원활하지 않으면 인후가 아프고 잠이 많이 온다. 하복통, 요통, 음부, 산증, 대하 등의 증상이 나타나고 눈병이 생긴다.

6) 양교맥(陽蹻脈)

인체의 좌측과 우측의 양을 주관하는 경맥으로 인체를 정면에서 보았을 때 외측으로 순행하면서 수족태양경, 수족양명경, 속소양담경과 교차된다. 음교맥과 같이 눈을 자양하고 하지의 운동에 관여한다.

(1) 순행 경로

발바닥에서 일어나 외측 복사뼈 아래 족태양방광경의 신맥혈에서 나와 외측 복사뼈 위로부터 대퇴 외측, 옆구리, 늑골, 견갑골 외측을 지나 어깨와 목 부위의 바깥쪽을 거쳐 입술 옆을 지나 눈가에 이르러 수족태양경, 음교맥과 만나고 다시 올라가 머리를 지나 귀 뒤에 이르러 족소양담경과 풍지혈에서 만난다.

(2) 주요 병증

양교맥의 순행이 원활하지 않으면 잠을 못 자고 눈가가 아프다. 허리와 등이 아프다.

7) 음유맥(陰維脈)

유맥은 전신의 음양의 기를 포함하는 그물 같은 경맥이다. 음유맥과 양유맥은 서로 연계하면서 기가 많으면 넘치게 하고 적으면 저장하는 기혈 성쇠 조절

작용을 한다. 음유맥은 족삼음경과 임맥과 교회하여 모든 음의 경락을 포함한다. 특히 족태음비경과 족소음신경과의 밀접한 관계가 있다.

(1) 순행 경로

족소음신경 축빈혈에서 시작하여 하지의 안쪽을 따라 복부로 올라가 족태음비경과 함께 옆구리와 늑골로 올라와 족궐음간경과 만나 횡격막을 거쳐 인후로 올라가 임맥의 염천혈에서 만난다.

(2) 주요 병증

음유맥의 순행이 원활하지 않으면 의욕이 없고 가슴과 심장 부위가 아프고 허리가 아프다. 옆구리가 아프고 복통, 설사 등의 증상이 생긴다.

8) 양유맥(陽維脈)

양유맥은 인체의 바깥쪽을 순행하면서 손발로 흐르는 체표의 양의 경맥을 연결한다. 족삼양경과 수태양소장경, 수소양삼초경, 독맥과 교회하여 모든 양의 경락을 포함한다. 특히 족태양방광경, 족소양담경과 밀접한 관련이 있다.

(1) 순행 경로

외측 복사뼈 아래 금문혈에서 시작하여 족소양담경과 함께 순행하며 하퇴, 무릎, 대퇴 바깥쪽 가장자리를 따라 올라가 옆구리 뒤쪽을 거쳐 겨드랑이 뒤에서 어깨뼈 가장자리에 이른 후 목과 귀 뒤를 지나 이마로 나와 옆머리와 목 뒤로 퍼지고 뒷목의 풍부혈과 아문혈에서 독맥과 만난다.

(2) 주요 병증

양유맥의 순행이 원활하지 않으면 한열이 반복되는 증상이 나타나고 발목과 발에 힘이 없고 오한, 발열, 편두통 등의 증상이 나타난다.

P / A / R / T **3**

경혈 각론

P/A/R/T 3

경혈 각론

1 수태음폐경(手太陰肺經)

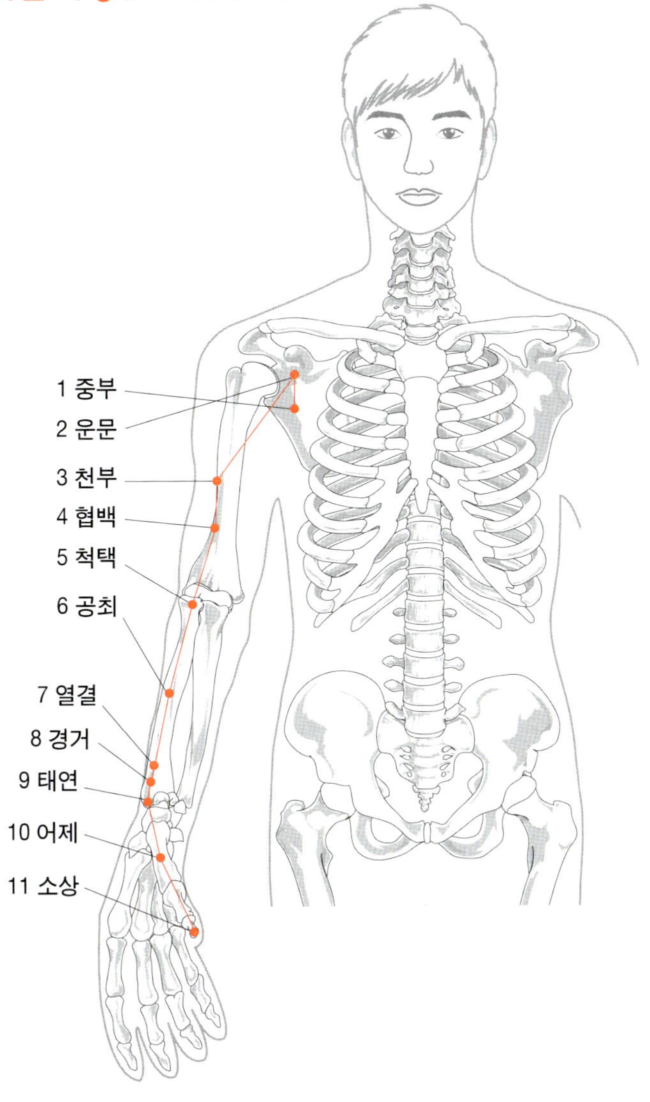

1) 폐경(肺經)의 기능

음(陰)의 경락이고 오행에서는 금(金)에 속하며 대장(大腸)과 표리관계이다. 폐는 흉강에 위치하고 있고 장부 중에서 가장 높은 곳에 있다. 기와 호흡을 주관하며 조직에 산소를 공급하면서 체내의 이산화탄소를 배출시켜 호흡을 통하여 생명 활동을 하는데 필요한 에너지를 각 기관에 보낸다. 호흡을 주관하므로 폐의 통로인 코에 영향을 준다. 또한, 피부와 관계가 있어 몸 밖의 나쁜 기운을 방어하며 체온의 변화를 조절한다.

2) 순행 경로

안으로의 흐름은 중완혈에서 시작하여 표리관계가 되는 대장을 통과하고 횡격막을 거쳐 폐로 들어간 다음 겨드랑이 밑에 이른다.

밖으로의 흐름은 겨드랑이 밑 중부혈로 나와 팔 앞면의 안쪽으로 흘러 팔꿈치 안쪽 척택혈에 이르고, 손목 맥 뛰는 자리로 들어가 어제혈을 지나 엄지손톱 뿌리 내측 소상혈로 나가서 수양명대장경의 기시점인 상양혈과 연결된다.

좌우에 각각 11개씩의 경혈이 분포되어 있다.

3) 미용적 증상과 주요 병증

폐경이 원활하게 순행하지 못하면 외부의 사기를 막지 못해 피부가 얇아지고 붉으며 예민해져서 노화가 빠르다. 피부가 창백하고 민감해서 자외선과 외부 환경에 민감하게 반응하고 색소침착과 잔주름이 생기기 쉽다. 가슴이 답답하고 기침이 나며 가래가 끓고 호흡이 거칠고 마음이 답답하고 불안하다.

4) 경혈의 위치와 적용

(1) 중부(수태음폐경의 모혈)

- 위치: 전정중선(임맥) 6촌 옆 제1 늑골과 제2 늑골 사이, 운문 1촌 아래
- 적용: 천식, 편도선염, 기관지염, 호흡기계 질환

(2) 운문

- 위치: 전정중선(임맥) 6촌 옆 쇄골 바로 아래 함몰된 부분
- 적용: 천식, 기관지염, 어깨 통증

(3) 천부

- 위치: 겨드랑이 앞부분 주름 3촌 아래 폐 경락과 만나는 곳
- 적용: 천식, 코피, 뇌출혈 등의 지혈작용, 두통

(4) 협백

- 위치: 천부혈 1촌 아래, 척택혈 5촌 위
- 적용: 천식, 기침, 심장 질환

(5) 척택

- 위치: 팔꿈치 앞쪽 가로 주름(주횡문) 폐 경락과 만나는 곳
- 적용: 감기, 천식, 기관지염, 기침

(6) 공최

- 위치: 척택혈 3촌 아래
- 적용: 주관절염, 편도선염, 치질, 요골신경통

(7) 열결

- 위치: 태연혈 1.5촌 위
- 적용: 안면신경마비, 치통, 편두통, 편도선염

(8) 경거

- 위치: 태연혈 1촌 위
- 적용: 인후염, 천식, 발열, 손목 통증

(9) 태연(수태음폐경의 원혈)

- 위치: 손목 관절 앞면의 요골동맥 박동부
- 적용: 인후염, 천식, 발열, 손목 통증

(10) 어제

- 위치: 1 중수골 중앙 폐 경락과 만나는 곳
- 적용: 해열작용, 인후염, 천식, 발열, 엄지손가락 통증

(11) 소상

- 위치: 엄지손톱 뿌리 내측 모서리 0.1촌 옆
- 적용: 인후염, 편도선염, 정신분열증

② 수양명대장경(手陽明大腸經)

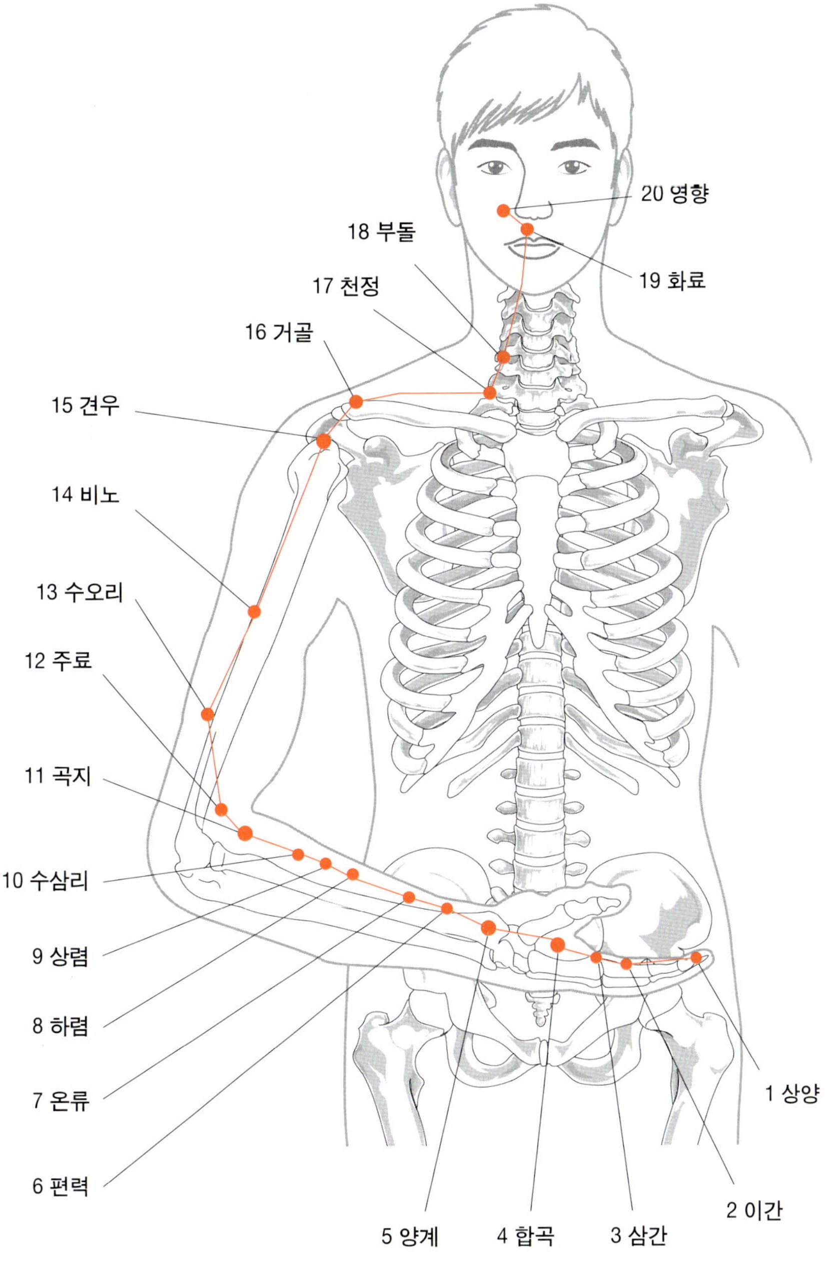

1) 대장경(大腸經)의 기능

양(陽)의 경락이고 오행에서는 금(金)에 속하며 폐(肺)와 표리관계이다. 대장은 소장에서 내려온 내용물에서 수분을 흡수한 후 찌꺼기를 대변으로 만들어 항문을 통해 체외로 배출하는 작용을 한다. 대장의 기능이 원활하지 않으면 대장에 수분이 부족하여 변비가 생기며 피부가 거칠고 트러블이 생기기 쉽다. 또한, 폐와 표리관계이므로 대장을 조절하면 폐와 호흡기의 기능도 좋아진다.

2) 순행 경로

밖으로의 흐름은 검지 손톱 뿌리 내측 상양혈에서 시작하여 엄지손가락과 검지손가락 사이 합곡혈을 지나 손목 위 두 힘줄 사이의 양계혈을 따라 팔꿈치 바깥쪽 곡지혈로 들어간다. 상완 앞쪽 가장자리를 따라 어깨로 올라가 견우혈 앞쪽으로 나왔다가 뒤쪽으로 넘어가 대추혈에 모인 후 다시 앞으로 와서 결분혈로 내려간다.

안으로의 흐름은 결분혈에서 폐를 지나 횡격막 밑으로 내려가 대장에 속하고, 대장의 하합혈인 상거허혈까지 그 기가 미친다. 결분혈에서 위로 올라가 옆 목을 지나 볼로 올라가며 잇몸으로 들어갔다가 입술을 돌아 인중혈에서 교차한 후 콧방울 옆 영향혈에서 족양명위경과 만난다.

좌우에 각각 20개씩의 경혈이 분포되어 있다.

3) 미용적 증상과 주요 병증

대장의 기능이 원활하지 못하면 피부가 거칠고 윤기가 없으며 광대뼈 주변의 기미가 발생하고 코, 턱 주변의 여드름이 생긴다. 대장의 수분이 부족하여 변비가 생긴다. 눈이 흐리거나 누렇고 입과 코 안이 건조해지고 가끔 코피가 나고 목이 아프다. 어깨, 팔, 견갑골에 통증이 있다.

4) 경혈의 위치와 적용

(1) 상양

- 위치: 검지 손톱 뿌리 내측 모서리 0.1촌 옆
- 적용: 발열, 인후염, 코감기, 두통, 협심증

(2) 이간

- 위치: 제2 중수지절 관절 아래 대장 경락과 만나는 오목한 곳
- 적용: 해열작용, 인후염, 비출혈, 코감기, 비염, 편도선염, 발열

(3) 삼간

- 위치: 제2 중수지절 관절 위 대장 경락과 만나는 오목한 곳
- 적용: 해열작용, 치통, 인후염, 비출혈, 코감기, 편도선염, 협심증

(4) 합곡(수양명대장경의 원혈)

- 위치: 제1, 2 중수골 결합부 오목한 곳
- 적용: 통증, 열이 있을 때, 치통, 안면마비, 감기

(5) 양계

- 위치: 손목 관절 대장 경락과 만나는 오목한 곳
- 적용: 요골신경통, 치통, 두통, 고혈압, 이명

(6) 편력

- 위치: 양계혈 3촌 위
- 적용: 요골신경통, 치통, 편도선염, 오십견

(7) 온류

- 위치: 편력혈 2촌 위, 양계혈 5촌 위
- 적용: 요골신경통, 두통, 치통, 비출혈, 편도선염, 구내염

(8) 하렴

- 위치: 곡지혈 4촌 아래
- 적용: 요골신경통, 두통, 복통, 소화불량, 기관지염

(9) 상렴

- 위치: 하렴혈 1촌 위, 곡지혈 3촌 아래
- 적용: 요골신경통, 두통, 복통, 소화불량, 장염, 천식

(10) 수삼리

- 위치: 상렴혈 1촌 위, 곡지혈 2촌 아래
- 적용: 요골신경통, 두통, 장염, 고혈압, 편두통, 치통, 여드름

(11) 곡지

- 위치: 팔꿈치를 접었을 때 팔꿈치 주름(주횡문) 바깥쪽과 상완골 외측상과 사이
- 적용: 생리불순, 생리통, 감기, 해열작용, 두통

(12) 주료

- 위치: 곡지혈 1촌 위
- 적용: 주관절통, 팔 저림증

(13) 수오리

- 위치: 주료혈 2촌 위, 곡지혈 3촌 위
- 적용: 주관절통, 각혈

(14) 비노

- 위치: 수오리 4촌 위, 곡지혈 7촌 위
- 적용: 견비통, 견관절통, 오십견, 상완신경통, 안질환

(15) 견우

- 위치: 견관절 전방 견봉과 상완골두 사이 오목한 곳
- 적용: 견비통, 견관절통, 오십견, 상완골 동통, 두통, 치통

(16) 거골

- 위치: 쇄골과 견갑극 사이 오목한 곳
- 적용: 어깨동증, 오십견, 견갑통, 견관절통

(17) 천정

- 위치: 부돌혈 뒤 1촌 아래
- 적용: 인후통, 연하장애, 편도선염

(18) 부돌

- 위치: 후두융기 3촌 옆 흉쇄유돌근 정중앙, 인영혈 1.5촌 뒤
- 적용: 인후통, 연하장애, 편도선염, 기침, 천식, 기관지염, 얼굴이 잘 붓는 사람

(19) 화료

- 위치: 인중혈 0.5촌 옆
- 적용: 코질환, 안면신경마비, 삼차신경통, 구내염

(20) 영향

- 위치: 콧방울 0.5촌 옆
- 적용: 코질환, 감기, 안면신경마비, 삼차신경통, 구내염, 치통

3 족양명위경 (足陽明胃經)

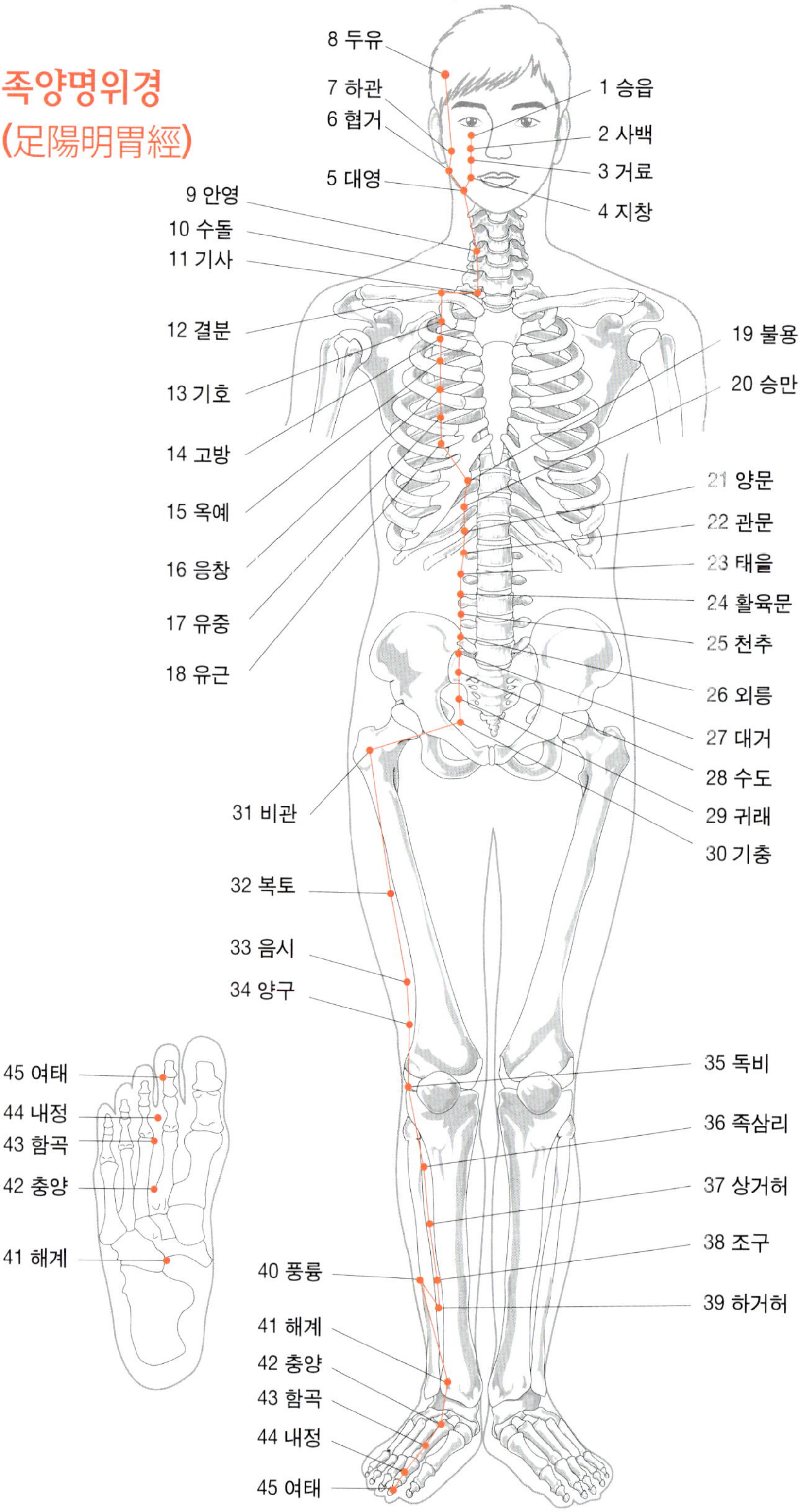

1) 위경(胃經)의 기능

양(陽)의 경락이고 오행에서는 토(土)에 속하며 비(脾)와 표리관계이다. 수곡의 바다로 음식물을 가장 먼저 흡수하는 기관으로 수곡의 부숙을 관장하여 음식물을 잘게 부수고 소화시켜 음식물의 정기를 형성하여 소화시킨 음식물을 소장으로 보낸다. 모든 장부는 음식물의 정기를 받아 운행되므로 기 생성의 근원이 후천적으로 영양을 공급하는 위(胃)인 것이다.

2) 순행 경로

대장경의 종점인 코 양옆 영향혈에서 시작하여 코를 끼고 올라가 정명혈에서 족태양방광경과 만난다. 다시 내려와 입술을 순행하고 승장혈에서 좌우로 교차되고 대영혈과 협차혈을 지나 귀 앞으로 올라가 족소양담경의 상관혈을 지나 이마 끝까지 간다. 한 경맥은 결분혈에서 흉강으로 들어가 횡격막을 거쳐 위(胃)에 속(屬)하고 비(脾)에 낙(絡)한다. 다른 경맥은 위(胃)의 아래로 내려가 기충혈에서 밖으로 흐르는 맥과 합해진 후 계속하여 대퇴부 앞쪽으로 내려가 하퇴를 지나 발등으로 내려가고 검지 발톱 뿌리 외측 여태혈에서 끝난다. 또 그 경맥 일부는 족삼리혈에서 갈라져 나와 내정혈로 들어가고 발등의 충양혈에서 다시 한 경맥이 갈라져 나와 족태음비경의 은백혈과 만난다.

좌우에 각각 45개씩의 경혈이 분포되어 있다.

3) 미용적 증상과 주요 병증

위경의 흐름이 원활하지 못하면 안색이 좋지 않고 뾰루지가 잘 생기게 된다. 두통이 있고, 입술이 헐고, 목이 붓고 아프고, 다리가 저리고 무거운 증상이 있다.

4) 경혈의 위치와 적용

(1) 승읍

- 위치: 동공 0.7촌 아래
- 적용: 눈의 여러 질환

(2) 사백

- 위치: 동공 1촌 아래
- 적용: 눈의 여러 질환, 삼차신경통, 안면신경마비

(3) 거료

- 위치: 동공에서 수직으로 내려와 광대뼈 밑 오목한 곳
- 적용: 축농증, 안면신경마비, 안면근경련, 치통, 삼차신경통

(4) 지창

- 위치: 입꼬리 0.4촌 옆
- 적용: 구내염, 안면신경마비, 안면근경련, 치통, 삼차신경통

(5) 대영

- 위치: 하악각 1.3촌 앞
- 적용: 안면신경마비, 이하선염, 교근 경련, 치통, 삼차신경통

(6) 협거

- 위치: 저작할 때 교근이 제일 두드러지는 곳
- 적용: 안면신경마비, 교근 경련, 치통, 이하선염, 삼차신경통

(7) 하관

- 위치: 관골궁 아래 오목한 곳
- 적용: 교근 경련, 치통, 삼차신경통, 안면신경마비

(8) 두유

- 위치: 신정혈 4.5촌 옆
- 적용: 두통, 편두통

(9) 인영

- 위치: 후두융기 1.5촌 옆
- 적용: 급만성 후두염, 편도선염, 고혈압, 저혈압, 갑상샘질환

(10) 수돌

- 위치: 인영혈과 기사혈의 중앙
- 적용: 천식, 기관지염, 편도선염, 갑상샘질환, 인후염

(11) 기사

- 위치: 천돌혈 1.5촌 옆
- 적용: 기관지염, 인후염, 편도선염

(12) 결분

- 위치: 천돌혈 4촌 옆
- 적용: 천식, 불면증

(13) 기호

- 위치: 결분혈 1촌 아래, 선기혈 4촌 옆
- 적용: 만성기관지염, 늑막염, 늑간신경통, 횡격막 경련, 흉통

(14) 고방

- 위치: 제1 늑간 전정중선(임맥) 4촌 옆
- 적용: 기관지염, 늑막염, 늑간신경통, 흉통

(15) 옥예

- 위치: 제2 늑간 전정중선(임맥) 4촌 옆
- 적용: 늑간신경통, 늑막염

(16) 응창

- 위치: 제3 늑간 전정중선(임맥) 4촌 옆
- 적용: 늑막염, 늑간신경통

(17) 유중

- 위치: 제4 늑간 전정중선(임맥) 4촌 옆, 유두 중앙
- 적용: 금침, 젖 안 나올 때 자극

(18) 유근

- 위치: 제5 늑간 전정중선(임맥) 4촌 옆
- 적용: 늑간신경통, 유선염, 유즙분비장애

(19) 불용

- 위치: 거궐혈 2촌 옆(임맥 2촌 옆)
- 적용: 식욕 부진, 구토, 복통, 위염

(20) 승만

- 위치: 불용혈 1촌 아래, 상완혈 2촌 옆(임맥 2촌 옆)
- 적용: 위염, 식욕 부진, 복통

(21) 양문

- 위치: 승만혈 1촌 아래, 중완혈 2촌 옆(임맥 2촌 옆)
- 적용: 위염, 위경련, 복통, 변비

(22) 관문

- 위치: 양문혈 1촌 아래, 건리혈 2촌 옆(임맥 2촌 옆)
- 적용: 위염, 식욕 부진, 소화불량, 변비, 복통

(23) 태을

- 위치: 관문혈 1촌 아래, 하완혈 2촌 옆(임맥 2촌 옆)
- 적용: 소화불량, 식욕 부진, 복통, 변비

(24) 활육문

- 위치: 태을혈 1촌 아래, 수분혈 2촌 옆(임맥 2촌 옆)
- 적용: 위통, 구토, 복통, 변비

(25) 천추(수양명대장경의 모혈)

- 위치: 활육문혈 1촌 아래, 신궐혈 2촌 옆(임맥 2촌 옆)
- 적용: 변비, 복통, 생리불순, 생리통, 위염, 장염

(26) 외릉

- 위치: 천추혈 1촌 아래, 음교혈 2촌 옆(임맥 2촌 옆)
- 적용: 복통, 생리불순, 생리통, 요관결석

(27) 대거

- 위치: 외릉혈 1촌 아래, 석문혈 2촌 옆(임맥 2촌 옆)
- 적용: 생리불순, 생리통, 요관결석, 소변불리, 탈장, 난소염

(28) 수도

- 위치: 대거혈 1촌 아래, 관원혈 2촌 옆(임맥 2촌 옆)
- 적용: 부종, 방광염, 고환염, 자궁염, 불임증, 생리불순

(29) 귀래

- 위치: 수도혈 1촌 아래, 중극혈 2촌 옆(임맥 2촌 옆)
- 적용: 불임증, 생리불순, 무월경, 자궁내막염

(30) 기충

- 위치: 귀래혈 1촌 아래, 곡골혈 2촌 옆(임맥 2촌 옆), 동맥 박동 부위, 천추혈 5촌 아래
- 적용: 남녀 생식기 질환, 복통

(31) 비관

- 위치: 상전장골극 직하 봉공근과 대퇴근막장근 사이 오목한 곳으로 곡골혈, 기충혈과 일직선상
- 적용: 고관절장애, 대퇴통, 서혜 림프샘염

(32) 복토

- 위치: 슬개골 외측 상연 6촌 위
- 적용: 대퇴통, 슬개부궐냉증

(33) 음시

- 위치: 슬개골 외측 상연 3촌 위
- 적용: 대퇴통, 하지신경통

(34) 양구

- 위치: 슬개골 외측 상연 2촌 위
- 적용: 위경련, 위산과다, 복통, 무릎관절염, 설사

(35) 독비

- 위치: 슬개골 하연과 경골 상연의 중앙으로 슬개인대 외측 오목한 곳
- 적용: 무릎관절염, 류머티즘

(36) 족삼리

- 위치: 독비혈 3촌 아래, 경골 전연과 비골두 사이 오목한 곳
- 적용: 중풍 예방, 소화불량, 위경련, 변비

(37) 상거허

- 위치: 족삼리혈 3촌 아래, 경골 전연과 비골 사이
- 적용: 복통, 위염, 장염

(38) 조구

- 위치: 상거허혈 2촌 아래, 경골 전연과 비골 사이, 족삼리혈 5촌 아래

- 적용: 편마비, 하지신경마비, 슬관절장애

(39) 하거허

- 위치: 조구혈 1촌 아래, 경골 전연과 비골 사이, 족삼리혈 6촌 아래
- 적용: 편마비, 하지마비, 관절염

(40) 풍륭

- 위치: 외측 복사뼈 8촌 위, 조구혈 1촌 뒤
- 적용: 만성기관지염, 두통, 고혈압

(41) 해계

- 위치: 족관절(발목관절) 앞면 중앙으로 장무지신근 힘줄과 장지신근 힘줄 사이
- 적용: 두통, 어지럼증, 족관절염, 안면부종

(42) 충양(족양명위경의 원혈)

- 위치: 제2, 3 중족골저 사이 동맥박동 부위
- 적용: 안면신경마비, 편마비, 두통, 치통

(43) 함곡

- 위치: 제2 중족지절 관절 뒤 바깥쪽 오목한 곳
- 적용: 소화불량, 위궤양, 복통, 치통

(44) 내정

- 위치: 제2 중족지절 관절 앞 바깥쪽 오목한 곳
- 적용: 치통, 복통, 소화불량, 두통, 급만성 위장염, 안면부종

(45) 여태

- 위치: 검지 발톱 뿌리 외측 모서리 0.1촌 옆
- 적용: 치통, 불면, 신경쇠약, 급만성 위장염, 안면부종

④ 족태음비경(足太陰脾經)

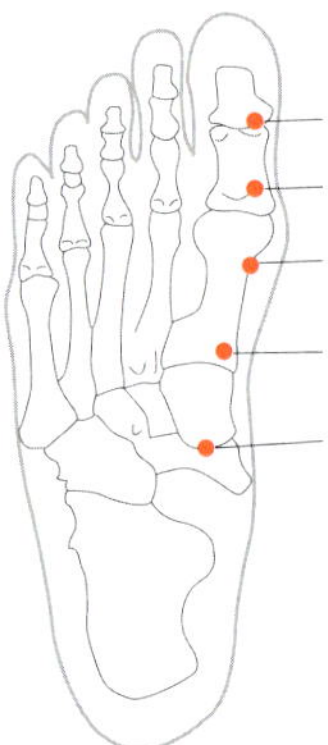

(발등)

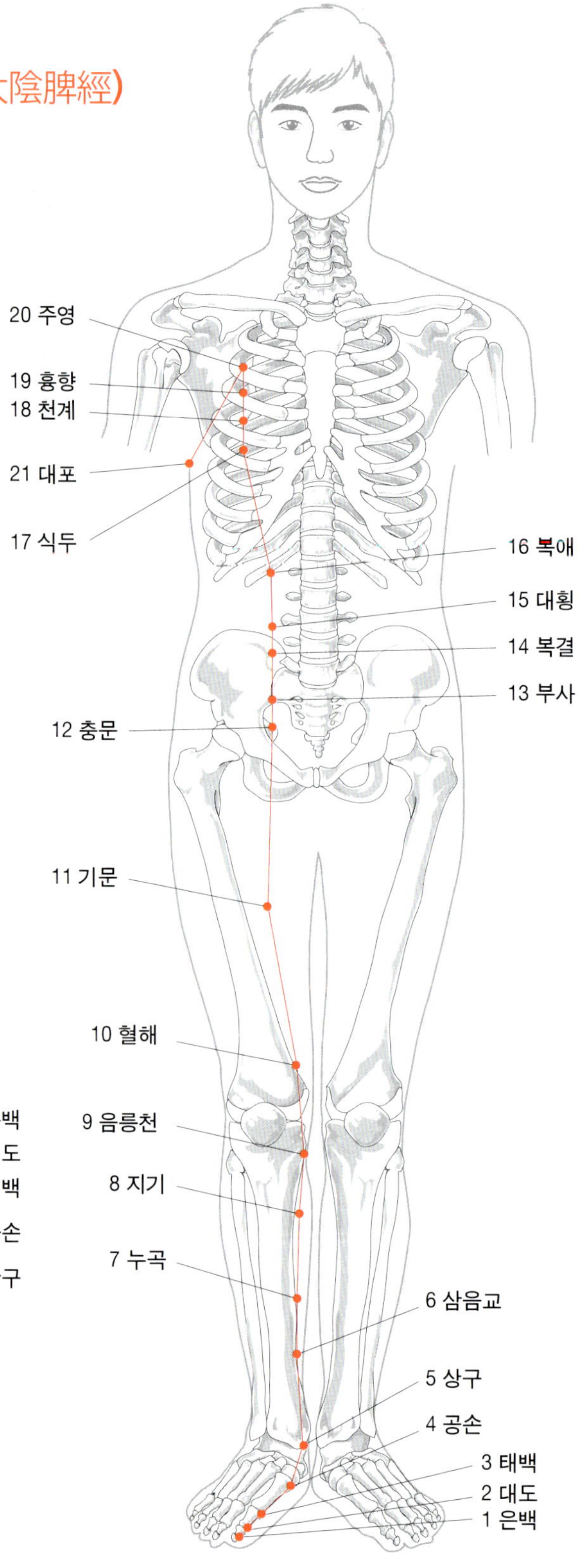

1) 비경(脾經)의 기능

음(陰)의 경락이고 오행에서는 토(土)에 속하며 위(胃)와 표리관계이다. 소화흡수를 주관하는 운화작용을 한다. 우리가 먹은 음식물을 몸에 필요한 물질로 바꾸어 필요한 곳에 보내 주는 작용을 한다. 입술을 통해 비장의 상태를 알 수 있고 근육과 사지를 관장하므로 비장이 약하면 영양 결핍으로 인한 사지무력의 증상이 나타난다.

2) 순행 경로

밖으로의 흐름은 엄지 발톱 뿌리 내측의 은백혈에서 시작하여 내측 복사뼈 앞쪽을 지나 대퇴부 안쪽으로 올라가 복부로 들어간다.

안으로의 흐름은 복부로 들어가 비(脾)에 속(屬)한 다음, 위(胃)에 낙(絡)하고 명치를 거쳐 식도를 따라 올라가 혀 밑에 도달한다. 한 경맥은 복부의 대횡혈에서 가슴으로 올라가 식두혈과 천계혈을 지나 주영혈을 거쳐 대포혈에서 끝난다. 다른 한 경맥은 명치를 지나 횡격막을 지나 올라가 심장으로 들어가며 수소음심경과 이어진다.

좌우에 각각 21개씩의 경혈이 분포되어 있다.

3) 미용적 증상과 주요 병증

비경의 순행이 원활하지 않으면 피부의 탄력이 없고 식욕이 조절이 되지 않아서 비만이 생기기 쉽다. 헛배가 부르고 트림을 많이 하며 가슴이 답답하고 명치끝이 아프고 소화가 잘 안 된다. 황달과 불면증의 증상도 나타난다. 또한, 혈액을 통할하는 기능이 있어 비장의 이상이 있으면 혈변, 월경과다, 자궁출혈, 코피 등의 각종 형태의 출혈 질환이 발생한다.

4) 경혈의 위치와 적용

(1) 은백

- 위치: 엄지 발톱 뿌리 내측 모서리 0.1촌 옆
- 적용: 부인과 질환, 소화불량, 신경쇠약, 설사

(2) 대도

- 위치: 제1 중족지절 관절 앞 안쪽 오목한 곳
- 적용: 소화불량, 복통, 식욕 부진, 급만성 위장염, 신경쇠약, 설사

(3) 태백(족태음비경의 원혈)

- 위치: 제1 중족지절 관절 뒤 안쪽 오목한 곳
- 적용: 복통, 구토, 설사, 변비, 급만성 위장염, 신경쇠약

(4) 공손

- 위치: 제1 중족골 기저부 전하연 오목한 곳으로 발등과 발바닥 경계선
- 적용: 복통, 구토, 설사, 급만성 위장염, 식욕 부진

(5) 상구

- 위치: 내측 복사뼈 전하방 오목한 곳
- 적용: 소화불량, 구토, 변비, 위염, 장염

(6) 삼음교

- 위치: 내측 복사뼈 3촌 위 경골 후연
- 적용: 남녀 생식기 질환, 부인과 질환, 갱년기 증후군, 신경쇠약, 불면증, 고혈압, 알레르기 체질 개선

(7) 누곡

- 위치: 내측 복사뼈 6촌 위 경골 후연, 삼음교혈 3촌 위
- 적용: 소화불량, 복통, 월경불순, 설사

(8) 지기

- 위치: 내측 복사뼈 8촌 위 경골 후연, 음릉천혈 3촌 아래
- 적용: 부인과 질환, 복통, 요통, 소화불량, 설사

(9) 음릉천

- 위치: 경골 내측과 하연의 오목한 곳
- 적용: 부인과 질환, 갱년기 증후군, 비뇨기계 증상, 부종, 요통, 설사

(10) 혈해

- 위치: 슬개골 상연 2촌 위 비장 경락과 만나는 곳
- 적용: 만성 출혈 증상, 빈혈, 부인과 질환, 알레르기 체질 개선

(11) 기문

- 위치: 혈해혈 6촌 위
- 적용: 요실금, 배뇨곤란, 대퇴통증, 서혜부 림프샘 종창

(12) 충문

- 위치: 전정중선(임맥) 곡골혈 4촌 옆, 동맥박동부
- 적용: 복통, 부인과 질환, 남녀 생식기 질환, 서혜부 림프샘 종창, 소변불리(잔뇨감)

(13) 부사

- 위치: 전정중선(임맥) 중극혈 4촌 옆
- 적용: 변비, 복통, 장명, 부인과 질환, 남녀 생식기 질환, 서혜부 림프샘 종창

(14) 복결

- 위치: 전정중선(임맥) 음교혈 4촌 옆, 부사혈 3촌 위
- 적용: 변비, 장명, 설사, 복통

(15) 대횡

- 위치: 배꼽 4촌 옆
- 적용: 변비, 설사, 장명, 복통, 요통

(16) 복애

- 위치: 대횡혈 3촌 위
- 적용: 식욕부진, 복통, 장명, 변비, 설사, 소화불량

(17) 식두

- 위치: 제5 늑간 전정중선(임맥) 6촌 옆
- 적용: 식욕부진, 늑간신경통, 장명, 복창, 흉협창통

(18) 천계

- 위치: 제4 늑간 전정중선(임맥) 6촌 옆
- 적용: 해수, 천식, 기관지염, 늑막염

(19) 흉향

- 위치: 제3 늑간 전정중선(임맥) 6촌 옆
- 적용: 해수, 천식, 늑막염, 늑간신경통

(20) 주영

- 위치: 제2 늑간 전정중선(임맥) 6촌 옆
- 적용: 해수, 천식, 기관지염, 늑간신경통

(21) 대포

- 위치: 겨드랑이 중앙 6촌 아래
- 적용: 해수, 천식, 사지무력, 늑간신경통, 늑막염, 흉통

5 수소음심경(手少陰心經)

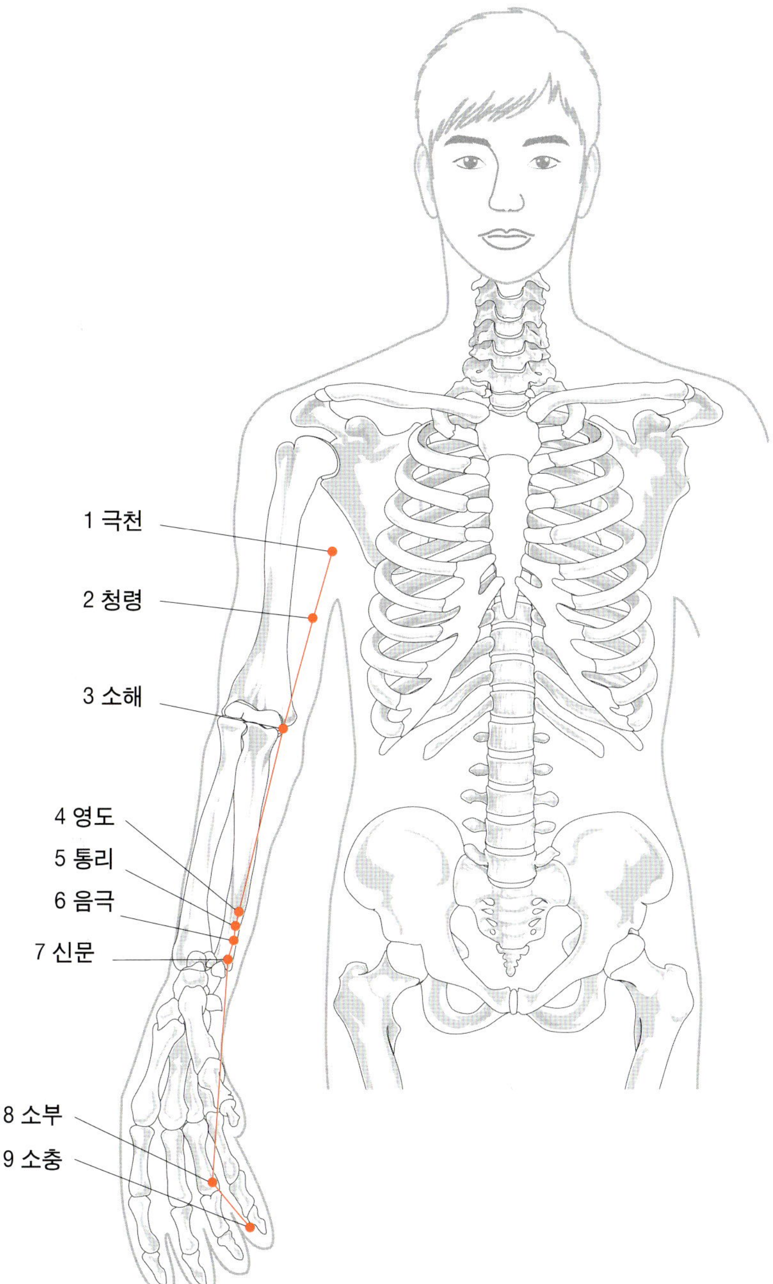

1) 심경(心經)의 기능

음(陰)의 경락이고 오행에서는 화(火)에 속하며 소장(小腸)과 표리관계이다. 인체의 생명 활동을 주관하고 정신 활동과 의식에 관여한다. 오장육부의 왕으로 장부를 지도하고 생명 활동을 통제한다. 혈맥을 주관하며 얼굴에서 증상이 나타나고 혀를 통해 심장의 상태를 알 수 있다.

2) 순행 경로

안으로의 흐름은 심(心)에서 시작하여 횡격막을 거쳐 소장에 낙(絡)한다. 한 경맥은 위로 올라가 인후를 거쳐 안구와 연결된 뇌로 이어지고 다시 내려와 직행한 경맥은 다시 올라가 폐를 지나 겨드랑이 밑 극천혈로 들어간다.

밖으로의 흐름은 극천혈로 나와서 팔꿈치의 소해혈로 내려가 손목의 영도혈과 신문혈을 지나 손바닥의 소부혈을 거쳐 새끼손톱 뿌리 내측 소충혈로 나와 수태양소장경과 이어진다.

좌우에 각각 9개씩의 경혈이 분포되어 있다.

3) 미용적 증상과 주요 병증

심장의 기가 정체 되면 정상적인 각화가 이루어지지 않아 피지 분비가 증가되어 여드름이 발생하고 피부색이 어둡고 창백하고 윤기가 없다. 신경쇠약, 불면, 정서불안 등의 정신질환이 나타나고 가슴에 통증이 있다.

4) 경혈의 위치와 적용

(1) 극천

- 위치: 겨드랑이 중앙, 동맥박동부
- 적용: 늑간신경통, 심통, 흉협동통, 액취

(2) 청령

- 위치: 소해혈 3촌 위
- 적용: 두통, 견비동통, 주관절통, 견관절장애

(3) 소해

- 위치: 팔꿈치 가로 주름(주횡문) 내측 끝, 상완골 내측상과의 외측
- 적용: 어지럼증, 심장질환, 심흉통, 두통, 정신질환

(4) 영도

- 위치: 신문혈 1.5촌 위, 척측수근굴근 외측
- 적용: 불면, 심흉통, 정신질환, 부정맥, 심장질환

(5) 통리

- 위치: 신문혈 1촌 위, 척측수근굴근 외측
- 적용: 신경쇠약, 심계항진, 불면, 심흉통, 정신질환, 부정맥, 심장질환

(6) 음극

- 위치: 신문혈 0.5촌 위, 척측수근굴근 외측
- 적용: 두통, 신경쇠약, 심계항진, 정신질환, 부정맥, 심장질환

(7) 신문(수소음심경의 원혈)

- 위치: 손목 관절 척측수근굴근 외측
- 적용: 심장질환, 불면, 정신질환, 심통

(8) 소부

- 위치: 제4, 5 중수골 사이 주먹 쥐었을 때 새끼손가락 끝이 닿는 곳
- 적용: 부정맥, 소변불리(잔뇨감), 심장질환

(9) 소충

- 위치: 새끼손톱 뿌리 내측 모서리 0.1촌 옆
- 적용: 심통, 심장질환, 정신질환, 실신

6 수태양소장경(手太陽小腸經)

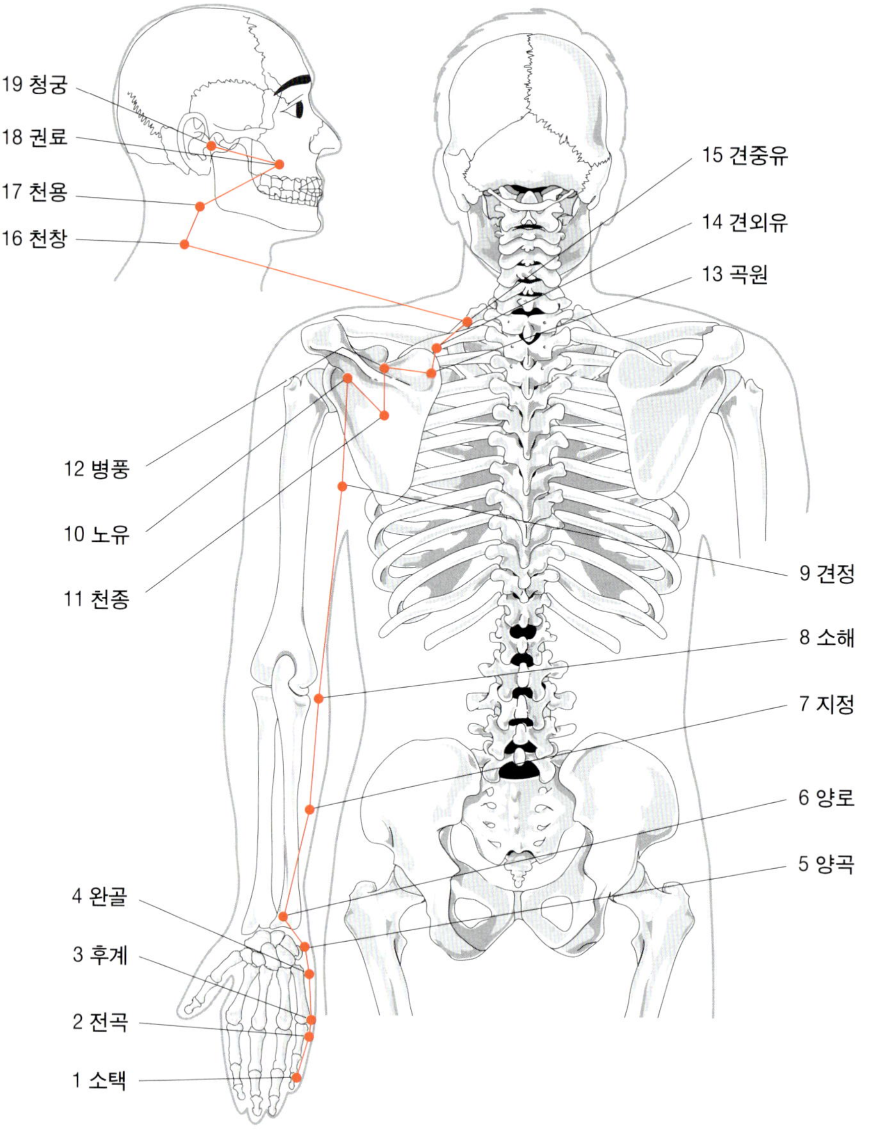

1) 소장경(小腸經)의 기능

양(陽)의 경락이고 오행에서는 화(火)에 속하며 심(心)과 표리관계이다. 위(胃)에서 내려오는 음식물을 맑은 기와 탁한 기를 구별하여 영양분과 찌꺼기를 구분한다. 영양분은 소화시켜 흡수하고 찌꺼기 속에 수액은 방광으로 보내고 남은 찌꺼기를 대장으로 보내 체외로 배설시킨다.

2) 순행 경로

밖으로의 흐름은 새끼손톱 뿌리 외측 소택혈에서 시작하여 손등 뒤쪽을 지나 팔꿈치의 소해혈로 나와 올라가 상완 바깥쪽을 따라 올라가 견갑골을 돌아 제7 경추 아래 대추혈에서 만난 다음 쇄골 오목한 곳 결분혈로 들어간다.

안으로의 흐름은 결분혈에서 심장에 낙(絡)하고 식도를 따라 횡격막을 지나 위장에 이르고 중완혈과 만나 소장에 속한다. 그 기는 아래로 내려가 소장의 하합혈인 무릎 아래 하거허혈까지 미친다. 한 경맥은 결분혈에서 목 위로 올라와 흉쇄유돌근 뒤로 해서 볼을 지나 눈 바깥쪽을 거쳐 귓속으로 들어간다. 또 다른 경맥은 볼에서 갈라져 코 뿌리를 거쳐 눈 안쪽 모서리 정명혈에서 족태양 방광경과 이어진다.

3) 미용적 증상과 주요 병증

소장경의 순행이 원활하지 않으면 목이 아프고 볼과 턱이 붓는다. 목, 어깨에 통증을 느끼고 복통과 설사가 나고 구토를 일으킨다.

4) 경혈의 위치와 적용

(1) 소택

- 위치: 새끼손톱 뿌리 외측 모서리 0.1촌 옆
- 적용: 두통, 편도선염, 인후염, 구내염, 견갑동통

(2) 전곡

- 위치: 제5 중수지절 관절 아래 척측 오목한 곳
- 적용: 기침, 편도선염, 이명, 발열

(3) 후계

- 위치: 제5 중수지절 관절 수먹을 쥐어 생기는 횡문의 끝
- 적용: 정신질환, 실신, 고혈압, 두통

(4) 완골(수태양소장경의 원혈)

- 위치: 제5 중수골과 두상골 사이 오목한 곳
- 적용: 두통, 편두통, 이명, 열병, 수관절장애

(5) 양곡

- 위치: 손목 관절 배면의 척측, 척골 경상돌기 하단 오목한 곳
- 적용: 인후염, 편도선염, 안구충혈, 시신경 감퇴, 수관절장애,

(6) 양로

- 위치: 척골두 하단의 요측 오목한 곳
- 적용: 수관절장애, 이명, 두통, 편마비

(7) 지정

- 위치: 양곡혈 5촌 위
- 적용: 어지러움, 신경쇠약, 두통, 열병

(8) 소해

- 위치: 팔꿈치 끝과 상완골 내측상과 사이
- 적용: 주관절염, 척골신경통, 정신질환, 하복통, 견갑동통

(9) 견정

- 위치: 겨드랑이 뒤쪽 주름 1촌 위
- 적용: 견갑신경통, 이명, 두통, 치통, 견갑골 질환, 상지마비, 어깨동통

(10) 노유

- 위치: 견정혈에서 견갑극까지 올라가서 견갑극 외단 아래 오목한 곳
- 적용: 견갑동통, 흉통, 두통, 어깨동통

(11) 천종

- 위치: 견갑골 극하와 중앙 오목한 곳
- 적용: 견갑신경통, 견갑동통, 견비통, 유방질환, 척골신경통, 고혈압

(12) 병풍

- 위치: 천종에서 수직으로 올라가서 견갑극 상연 중앙
- 적용: 견갑동통, 어깨동통, 견갑신경통, 척골신경통, 늑막염

(13) 곡원

- 위치: 견갑극 안쪽 상단 극상와
- 적용: 견갑동통, 견갑신경통, 척골신경통, 후두통

(14) 견외유

- 위치: 제1 흉추극돌기 아래 3촌 옆, 도도혈 3촌 옆
- 적용: 견갑신경통, 견갑동통, 견비통

(15) 견중유

- 위치: 제7 경추극돌기 아래 2촌 옆, 대추혈 2촌 옆
- 적용: 기침, 기관지염, 천식, 견갑신경통, 견비통

(16) 천창

- 위치: 후두융기의 수평선상에서 흉쇄유돌근 후연 오목한 곳
- 적용: 이명, 두통, 늑간신경통, 편도선염

(17) 천용

- 위치: 하악각 바로 뒤의 흉쇄유돌근 전연
- 적용: 호흡 곤란, 늑간신경통, 이명, 편두통, 인후염, 편도선염

(18) 권료

- 위치: 눈꼬리에서 수직선으로 내려와서 광대뼈 밑 오목한 곳
- 적용: 안면신경마비, 치통, 편두통, 교근경련

(19) 청궁

- 위치: 귓구멍 앞쪽 오목한 곳
- 적용: 이명, 중이염, 어지럼증, 두통

⑦ 족태양방광경(足太陽膀胱經)

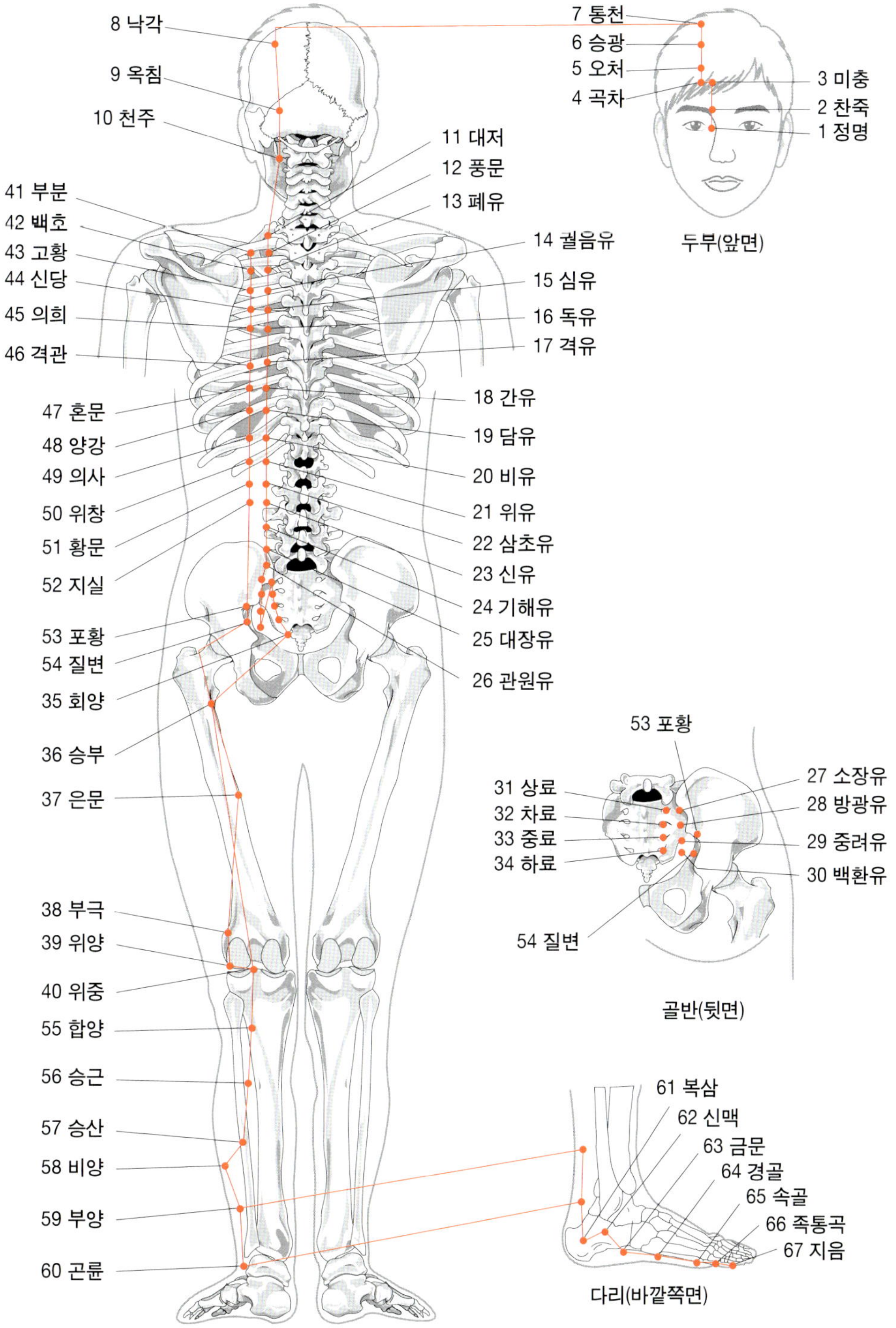

1) 방광경(膀胱經)의 기능

양(陽)의 경락이고 오행에서는 수(水)에 속하며 신(腎)과 표리관계이다. 음식물을 섭취한 후 비위의 작용을 받아 진액이 되면 전신에 운반되어 영양을 공급하는데 대부분이 신장에서 수뇨관을 거쳐 방광에 보내져 소변이 된다. 방광의 주된 생리 기능은 소변을 저장하고 배설하는 것이다. 방광의 이상은 소변의 색깔이나 횟수로 알 수 있다.

2) 순행 경로

밖으로의 흐름은 눈 안쪽 모서리 정명혈에서 시작하여 이마로 올라가 머리 정수리 백회혈을 지난다. 한 경맥은 정수리에서 나와 양쪽으로 갈라져 귀 윗부분으로 내려온다. 정수리에서 큰 경맥은 곧게 내려와 뇌로 들어가 뒷목을 돌아 천주혈에서 두 경맥으로 나뉘어 내려간다. 한 경맥은 내려가 대추혈에서 만난 후 견갑골 내측을 따라 척추 양옆 1.5촌으로 내려와 흐른다. 안으로의 흐름은 척추 양옆으로 근육을 따라 들어가 신장에 낙(絡)하고 방광에 속한다.

밖으로의 흐름은 다른 작은 경맥은 허리에서 나와 양쪽 척추를 따라 아래로 흐르다 엉덩이를 지나 방광경의 하합혈인 슬와횡문 중앙 위중혈로 들어간다. 목 뒤에서 갈라진 또 다른 경맥은 견갑골 안쪽 가장자리를 따라 척추 양옆 3촌으로 내려가 엉덩이 환도혈을 지나 대퇴 뒤쪽으로 내려가 슬와횡문에서 앞의 경맥과 만나 아래로 내려가 외측 복사뼈 뒤 곤륜혈로 나와서 새끼발톱 뿌리 외측 지음혈로 나와서 족소음신경과 이어진다.

좌우에 각각 67개씩의 경혈이 분포되어 있다.

3) 미용적 증상과 주요 병증

방광의 기능이 정상적이지 않으면 소변이 자주 마렵고 잘 참지 못하여 소변을 볼 때 아프고 혼탁하며 잔뇨감, 요실금 등의 배뇨 이상 증상이 나타난다. 방광경의 순행이 원활하지 않으면 두통이 있고 뒷목이 뻣뻣하고 아프며 허리의 통증이 심하다. 미용적 증상으로는 피부의 촉촉함과 탄력이 적고 윤기가 없다.

4) 경혈의 위치와 적용

(1) 정명

- 위치: 눈 안쪽 끝 모서리 약간 위로 안와 상연 오목한 곳
- 적용: 모든 눈병, 결막염, 야맹증, 눈이 뻑뻑할 때

(2) 찬죽

- 위치: 눈썹 내측 끝, 정명혈 직상
- 적용: 눈질환, 각막염, 안검경련, 안검하수, 눈이 부을 때, 시력 저하

(3) 미충

- 위치: 찬죽혈 직상 전발제 0.5촌 위
- 적용: 두통, 코막힘, 어지러움, 비염

(4) 곡차

- 위치: 신정혈(전정중선 전발제 0.5촌 위) 1.5촌 옆
- 적용: 두통, 어지러움, 안면신경통, 시력 저하, 코막힘, 코피

(5) 오처

- 위치: 곡차혈 0.5촌 위
- 적용: 두통, 어지러움, 발열, 비염, 시력 저하

(6) 승광

- 위치: 오처혈 1.5촌 위
- 적용: 두통, 코막힘, 감기, 각막염, 비염, 어지러움

(7) 통천

- 위치: 승광혈 1.5촌 뒤
- 적용: 두통, 비염, 안면신경통, 어지러움, 편두통

(8) 낙각

- 위치: 통천혈 1.5촌 뒤
- 적용: 두통, 어지러움, 후두통, 우울증, 이명

(9) 옥침

- 위치: 천주혈(후정중선 후발제 0.5촌 위 1.3촌 옆) 2촌 위
- 적용: 후두통, 구토, 코막힘, 뇌출혈, 어지러움

(10) 천주

- 위치: 아문혈(후정중선 후발제 0.5촌 위) 1.3촌 옆
- 적용: 두통, 고혈압, 열병, 견갑통, 편두통, 후두통, 정신질환

(11) 대저

- 위치: 제1, 2 흉추 극돌기 사이에서 1.5촌 옆, 독맥 도도혈 1.5촌 옆
- 적용: 감기, 발열, 두통, 늑막염, 기관지염, 기침, 폐질환

(12) 풍문

- 위치: 제2, 3 흉추 극돌기 사이에서 1.5촌 옆
- 적용: 기침, 감기, 폐렴, 두통, 발열

(13) 폐유

- 위치: 제3, 4 흉추 극돌기 사이에서 1.5촌 옆, 독맥 신주혈 1.5촌 옆
- 적용: 기침, 천식, 호흡기 질환, 기관지염, 변비, 설사

(14) 궐음유

- 위치: 제4, 5 흉추 극돌기 사이에서 1.5촌 옆
- 적용: 기침, 구토, 치통, 심통, 빈맥, 불안

(15) 심유

- 위치: 제5, 6 흉추 극돌기 사이에서 1.5촌 옆, 독맥 신도혈 1.5촌 옆
- 적용: 부정맥, 협심증, 기침, 심장질환, 정신질환, 신경쇠약

(16) 독유

- 위치: 제6, 7 흉추 극돌기 사이에서 1.5촌 옆, 독맥 영대혈 1.5촌 옆
- 적용: 심통, 복통, 위염, 장염, 늑간신경통, 천식, 오한, 발열, 장명

(17) 격유

- 위치: 제7, 8 흉추 극돌기 사이에서 1.5촌 옆, 독맥 지양혈 1.5촌 옆
- 적용: 딸꾹질, 횡격막통증, 위통, 구토, 늑막염, 기관지염, 견갑통, 천식, 기침

(18) 간유

- 위치: 제9, 10 흉추 극돌기 사이에서 1.5촌 옆, 독맥 근축혈 1.5촌 옆
- 적용: 황달, 간질환, 시력 저하, 야맹증, 위염, 위경련, 늑간신경통

(19) 담유

- 위치: 제10, 11 흉추 극돌기 사이에서 1.5촌 옆, 독맥 중추혈 1.5촌 옆
- 적용: 피로, 황달, 간염, 늑막염, 늑간신경통, 두통, 소화불량

(20) 비유

- 위치: 제11, 12 흉추 극돌기 사이에서 1.5촌 옆, 독맥 척중혈 1.5촌 옆
- 적용: 부종, 설사, 황달, 빈혈, 피로, 소화불량, 구토, 만성 위염, 만성 장염, 무기력, 소화기 질환, 복부 팽만

(21) 위유

- 위치: 제12 흉추와 제1 요추 극돌기 사이에서 1.5촌 옆
- 적용: 상복부 팽만, 구토, 설사, 위경련, 위궤양, 위장질환, 간염, 장염, 소화불량

(22) 삼초유

- 위치: 제1, 2 요추 극돌기 사이에서 1.5촌 옆, 독맥 현추혈 1.5촌 옆
- 적용: 요통, 설사, 장염, 구토, 식욕 부진, 위경련, 신경쇠약, 신장염, 야뇨증

(23) 신유

- 위치: 제2, 3 요추 극돌기 사이에서 1.5촌 옆, 독맥 명문혈 1.5촌 옆
- 적용: 요통, 신장질환, 피로, 월경불순, 비뇨생식기 질환

(24) 기해유

- 위치: 제3, 4 요추 극돌기 사이에서 1.5촌 옆
- 적용: 요통, 치질, 변비, 배뇨 곤란, 장경련

(25) 대장유

- 위치: 제4, 5 요추 극돌기 사이에서 1.5촌 옆, 독맥 요양관혈 1.5촌 옆
- 적용: 설사, 대장질환, 변비, 장염, 장출혈, 치질, 복통

(26) 관원유

- 위치: 제5 요추 극돌기 아래 1.5촌 옆
- 적용: 설사, 요통, 만성 장염, 야뇨증

(27) 소장유

- 위치: 제1 후천골공 높이 후정중선 1.5촌 옆
- 적용: 설사, 야뇨증, 복통, 장염, 변비, 치질, 혈뇨, 요실금

(28) 방광유

- 위치: 제2 후천골공 높이 후정중선 1.5촌 옆
- 적용: 방광질환, 배뇨곤란, 요신경통, 요도염, 자궁염, 설사, 변비

(29) 중려유

- 위치: 제3 후천골공 높이 후정중선 1.5촌 옆
- 적용: 요통, 좌골신경통, 복막염, 설사

(30) 백환유

- 위치: 제4 후천골공 높이 후정중선 1.5촌 옆
- 적용: 월경불순, 좌골신경통, 변비, 대하, 설사

(31) 상료

- 위치: 제1 후천골공
- 적용: 요통, 고환염, 난소염, 불임증, 월경불순, 변비, 좌골신경통

(32) 차료

- 위치: 제2 후천골공
- 적용: 월경불순, 불임증, 배뇨곤란, 요통, 남녀생식기 질환

(33) 중료

- 위치: 제3 후천골공
- 적용: 배뇨곤란, 요통, 남녀 생식기 질환, 변비, 설사

(34) 하료

- 위치: 제4 후천골공
- 적용: 배뇨 곤란, 요통, 남녀 생식기 질환, 변비, 복통, 좌골신경통, 신장질환

(35) 회양

- 위치: 미골 0.5촌 옆
- 적용: 빈혈, 설사, 치질, 장출혈, 장염, 요통, 좌골신경통

(36) 승부

- 위치: 대둔근 하부 횡문 정중앙
- 적용: 대퇴부동통, 고관절통, 좌골통증, 치질, 변비, 배뇨곤란

(37) 은문

- 위치: 승부혈과 위중혈의 중앙
- 적용: 요통, 좌골신경통, 고관절통

(38) 부극

- 위치: 위양혈 1촌 위
- 적용: 변비, 대퇴부동통, 장염, 방광염

(39) 위양

- 위치: 슬와횡문 외측 끝
- 적용: 비복근 경련, 방광염, 신장염, 배뇨 곤란

(40) 위중

- 위치: 슬와횡문 중앙
- 적용: 요통, 무릎관절통, 좌골신경통, 무릎관절염, 구토, 설사, 배뇨 곤란, 방광염, 종아리 경련, 척추질환

(41) 부분

- 위치: 제2, 3 흉추 극돌기 사이에서 3촌 옆, 풍문혈 1.5촌 옆
- 적용: 상완신경통, 늑간신경통

(42) 백호

- 위치: 제3, 4 흉추 극돌기 사이에서 3촌 옆, 폐유혈 1.5촌 옆
- 적용: 기침, 천식, 폐결핵, 기관지염, 늑막염, 견배통

(43) 고황

- 위치: 제4, 5 흉추 극돌기 사이에서 3촌 옆, 궐음유혈 1.5촌 옆
- 적용: 기침, 천식, 폐결핵, 기관지염, 견갑통, 늑막염, 신경쇠약, 소화불량, 구토, 식욕 부진

(44) 신당

- 위치: 제5, 6 흉추 극돌기 사이에서 3촌 옆, 심유혈 1.5촌 옆
- 적용: 심장질환, 정신질환, 기침, 천식, 기관지염, 늑간신경통, 견배통

(45) 의희

- 위치: 제6, 7 흉추 극돌기 사이에서 3촌 옆, 독유혈 1.5촌 옆
- 적용: 심장질환, 실신, 기침, 천식, 열병, 폐결핵, 늑막염, 늑간신경통

(46) 격관

- 위치: 제7, 8 흉추 극돌기 사이에서 3촌 옆, 격유혈 1.5촌 옆
- 적용: 구토, 소화불량, 위출혈, 장염, 늑간신경통, 늑막염

(47) 혼문

- 위치: 제9, 10 흉추 극돌기 사이에서 3촌 옆, 간유혈 1.5촌 옆
- 적용: 기절, 간장염, 구토, 설사, 위경련, 장염, 소화불량, 식욕 부진

(48) 양강

- 위치: 제10, 11 흉추 극돌기 사이에서 3촌 옆, 담유혈 1.5촌 옆
- 적용: 복통, 장명, 설사, 간장염, 위염, 늑막염

(49) 의사

- 위치: 제11, 12 흉추 극돌기 사이에서 3촌 옆, 비유혈 1.5촌 옆
- 적용: 간장병, 황달, 장명, 구토, 설사, 늑막염, 위경련, 소화불량, 식욕 부진

(50) 위창

- 위치: 제12 흉추와 제1 요추 극돌기 사이에서 3촌 옆, 위유혈 1.5촌 옆
- 적용: 위통, 위염, 소화불량, 구토, 변비

(51) 황문

- 위치: 제1, 2 요추 극돌기 사이에서 3촌 옆, 삼초유혈 1.5촌 옆
- 적용: 복통, 변비, 소화불량, 생식기 질환, 신장염

(52) 지실

- 위치: 제2, 3 요추 극돌기 사이에서 3촌 옆, 신유혈 1.5촌 옆
- 적용: 배뇨 곤란, 신장염, 전립선염, 성욕 감퇴

(53) 포황

- 위치: 제2 후천골공 높이 후정중선 3촌 옆, 방광유혈 1.5촌 옆
- 적용: 방광염, 전립선염, 고환염, 자궁염, 장염, 복통, 변비, 좌골신경통

(54) 질변

- 위치: 제4 후천골공 높이 후정중선 3촌 옆, 백환유혈 1.5촌 옆
- 적용: 배뇨 곤란, 요통, 좌골신경통, 변비, 치질, 방광염

(55) 합양

- 위치: 위중혈 2촌 아래
- 적용: 하지마비, 요통, 좌골신경통, 하지동통

(56) 승근

- 위치: 합양혈 3촌 아래, 위중혈 5촌 아래
- 적용: 하지 경련, 치질, 변비

(57) 승산

- 위치: 비복근 하연 중앙, 승근혈 3촌 아래
- 적용: 종아리 경련, 하지 경련, 좌골신경통, 변비, 치질

(58) 비양

- 위치: 승산혈 외측 1촌 아래, 곤륜혈 7촌 위
- 적용: 종아리 경련, 족관절염, 요통, 두통, 치질

(59) 부양

- 위치: 곤륜혈 3촌 위
- 적용: 두통, 요통, 견통, 하지마비

(60) 곤륜

- 위치: 외측 복사뼈와 아킬레스건의 중앙 오목한 곳
- 적용: 어지럼증, 고혈압, 뇌졸중, 두통, 요통, 좌골신경통, 발뒤꿈치 통증, 아킬레스건염

(61) 복삼

- 위치: 곤륜혈 직하 종골 외측면의 함요부에서 발등과 발바닥의 경계 지점
- 적용: 아킬레스건통증, 아킬레스건염, 족근통, 요통

(62) 신맥

- 위치: 외측 복사뼈 밑 오목한 곳
- 적용: 두통, 어지럼증, 불면증, 고혈압, 정신질환, 족관절염

(63) 금문

- 위치: 입방골 후하연으로 경골혈과 신맥혈 중앙
- 적용: 두통, 요통, 하지마비, 이명, 설사

(64) 경골(족태양방광경의 원혈)

- 위치: 제5 중족골조면 후연으로 족배와 족저 경계
- 적용: 두통, 요통, 슬관절통

(65) 속골

- 위치: 제5 중족지절관절 뒤 오목한 곳
- 적용: 두통, 후두신경통, 요통, 눈병

(66) 족통곡

- 위치: 제5 중족지절관절 앞 오목한 곳
- 적용: 두통, 방광염, 생식기 질환, 자궁출혈, 후두부신경통, 족관절염

(67) 지음

- 위치: 새끼발톱 뿌리 외측 모서리 0.1촌 옆
- 적용: 두통, 코막힘, 코피, 야뇨증, 족관절염

8 족소음신경(足少陰腎經)

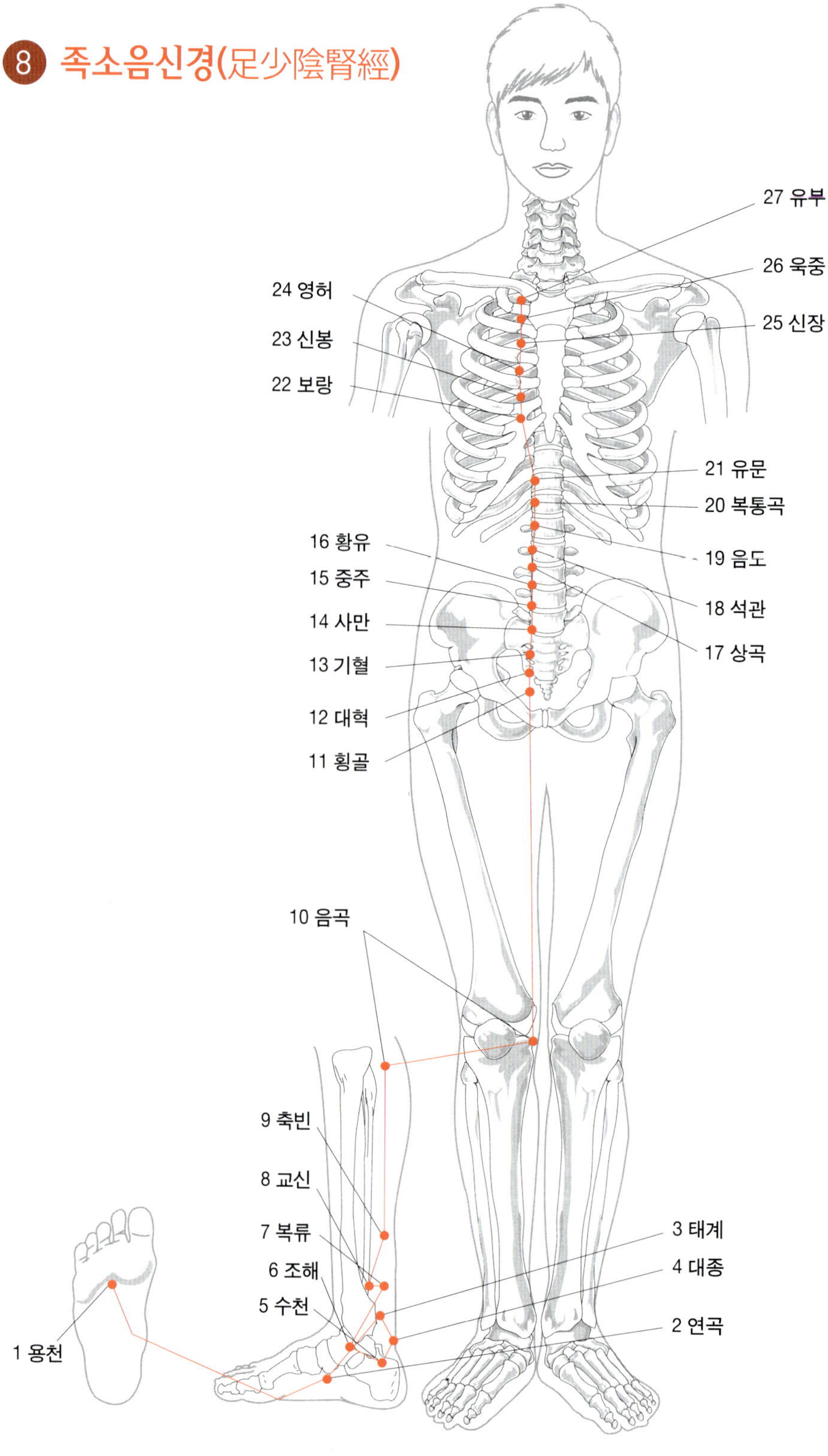

1) 신경(腎經)의 기능

음(陰)의 경락이고 오행에서는 수(水)에 속하며 방광(膀胱)과 표리관계이다. 동양의학에서는 신장을 태어나면서부터 갖고 있는 생명의 에너지가 있는 곳이라고 말한다. 신장은 인체를 구성하고 생명 활동을 유지하는 가장 기본적인 물질인 정(精)을 저장하고 생장, 발육, 생식을 주관한다. 선천적인 정인 생식 분야의 정을 저장하고 수곡의 정미인 영양 물질로 형성되는 후천적인 정을 저장하여 성장 발육을 주관하며 인체의 생명 활동을 유지하므로 오장육부의 근본이고 생명의 근원이라고 한다. 또한, 뼈를 주관하고 수(髓)를 생성하는 기능이 있는데 골수, 뇌수, 척수 모두 뇌의 기능과 관계가 있어 육체적 성장뿐만 아니라 뇌의 활동도 주관한다. 귀를 통해 신장의 상태를 알 수 있고 모발을 통해 증상을 알 수 있다.

2) 순행 경로

밖으로의 흐름은 새끼발톱 뿌리 외측 지음혈에서 발바닥 용천혈을 지나 연곡혈로 나와 내측 복사뼈 뒤로 한 바퀴 돌아 올라가 슬와횡문 안쪽 음곡혈로 나와 대퇴 안쪽으로 올라가 꼬리뼈 아래 장강혈에 이른 다음 몸속으로 들어간다. 안으로의 흐름은 장강혈에서 척추 속으로 들어가 신장에 속하고 방광에서 낙(絡)한 후 임맥의 관원혈과 중극혈에 모인다.

한 경맥은 대퇴 안쪽 끝에서 나와 가슴을 따라 올라가 쇄골 바로 아래 유부혈에 도달하여 밖으로 흐른다. 신장에 속해 위로 올라온 경맥은 간을 지나 옆으로 명치와 횡격막을 거쳐 폐로 들어가 혀 밑으로 가서 안으로 흐른다. 폐에서 갈라져 나온 경맥은 심장을 감싸 가슴 한가운데로 흘러 수궐음심포경으로 이어진다.

좌우에 각각 27개씩의 경혈이 분포되어 있다.

3) 미용적 증상과 주요 병증

신경의 순행이 원활하지 않으면 무서움을 잘 타고 가슴이 두근거리면서 잘 놀란다. 체력이 약하고 얼굴에 윤기가 없으며 기칠다. 신체의 모든 생리 기능이 둔화되고 피부와 모발의 탄력이 떨어지고 수액대사가 되지 않아 부종이 나타난다. 또한, 입이 마르고 허리나 무릎이 시리고 신경이 예민해진다. 부신과 관계가 있으므로 부신호르몬의 불균형으로 피부 트러블이 잘 생긴다.

4) 경혈의 위치와 적용

(1) 용천

- 위치: 발바닥을 3등분을 했을 때 발끝에서 1/3 지점으로 2, 3 중족골 사이 오목한 곳
- 적용: 두통, 정신질환, 불면증, 심장병, 뇌출혈, 어지럼증, 황달, 불임증

(2) 연곡

- 위치: 발 안쪽 주상골 조면 하방 오목한 곳
- 적용: 월경불순, 설사, 배뇨 곤란, 방광염, 심장병, 인후염

(3) 태계(족소음신경의 원혈)

- 위치: 내측 복사뼈와 아킬레스건의 중앙 오목한 곳
- 적용: 심장병, 신경쇠약, 족저통, 월경불순, 변비, 불면증

(4) 대종

- 위치: 태계혈 0.5촌 아래 아킬레스건 전연
- 적용: 월경불순, 피로, 변비, 구내염, 신경쇠약, 심계항진, 히스테리

(5) 수천

- 위치: 태계혈 1촌 아래
- 적용: 배뇨 곤란, 방광 경련, 월경불순, 월경통

(6) 조해

- 위치: 내측 복사뼈 1촌 아래 오목한 곳
- 적용: 배뇨 곤란, 변비, 월경불순, 신경쇠약, 불면증, 편도선염

(7) 복류

- 위치: 태계혈 2촌 위
- 적용: 신장염, 고환염, 복막염, 신경쇠약, 부종, 설사

(8) 교신

- 위치: 내측 복사뼈 2촌 위
- 적용: 고환염, 월경불순, 복막염, 변비, 설사

(9) 축빈

- 위치: 태계혈 5촌 위
- 적용: 구토, 해독, 비복근 경련

(10) 음곡

- 위치: 무릎을 구부렸을 때 슬와횡문 안쪽
- 적용: 무릎관절염, 자궁출혈, 요도염, 배뇨 곤란, 빈혈, 고혈압, 신장염

(11) 횡골

- 위치: 곡골혈(배꼽 5촌 아래) 0.5촌 옆
- 적용: 배뇨 곤란, 전립선염, 요도염, 방광염, 자궁질환

(12) 대혁

- 위치: 횡골혈 1촌 위, 중극혈(배꼽 4촌 아래) 0.5촌 옆
- 적용: 생식기 질환, 심통, 두통, 요통, 고혈압

(13) 기혈

- 위치: 대혁혈 1촌 위, 관원혈(배꼽 3촌 아래) 0.5촌 옆
- 적용: 월경불순, 불임증, 신장염, 설사, 배뇨 곤란, 설사

(14) 사만

- 위치: 기혈혈 1촌 위, 석문혈(배꼽 2촌 아래) 0.5촌 옆
- 적용: 월경불순, 장염, 불임증, 변비, 복통

(15) 중주

- 위치: 사만혈 1촌 위, 음교혈(배꼽 1촌 아래) 0.5촌 옆
- 적용: 월경불순, 변비, 장염, 설사, 복통

(16) 황유

- 위치: 신궐혈(배꼽) 0.5촌 옆
- 적용: 변비, 장염, 위경련, 복통, 신장질환

(17) 상곡

- 위치: 황유혈 2촌 위, 하완혈(배꼽 2촌 위) 0.5촌 옆
- 적용: 위경련, 복막염, 변비, 설사, 식욕 부진

(18) 석관

- 위치: 상곡혈 1촌 위, 건리혈(배꼽 3촌 위) 0.5촌 옆
- 적용: 위경련, 변비, 구토

(19) 음도

- 위치: 석관혈 1촌 위, 중완혈(배꼽 4촌 위) 0.5촌 옆
- 적용: 복통, 변비, 구토, 불임, 천식, 폐기종

(20) 복통곡

- 위치: 음도혈 1촌 위, 상완혈(배꼽 5촌 위) 0.5촌 옆
- 적용: 위염, 복통, 구토, 설사

(21) 유문

- 위치: 복통곡혈 1촌 위, 거궐혈(배꼽 6촌 위) 0.5촌 옆
- 적용: 위염, 위경련, 설사, 늑간신경통

(22) 보랑

- 위치: 중정혈(제5 늑간 전정중선) 2촌 옆
- 적용: 늑간신경통, 늑막염, 기관지염, 천식, 기침

(23) 신봉

- 위치: 단중혈(제4 늑간 전정중선) 2촌 옆
- 적용: 협심증, 늑막염, 늑간신경통, 기침, 천식, 구토, 기관지염

(24) 영허

- 위치: 옥당혈(제3 늑간 전정중선) 2촌 옆
- 적용: 늑막염, 늑간신경통, 기관지염, 기침, 천식, 구토

(25) 신장

- 위치: 자궁혈(제2 늑간 전정중선) 2촌 옆
- 적용: 늑막염, 늑간신경통, 기관지염, 기침, 천식, 구토, 불안

(26) 욱중

- 위치: 화개혈(제1 늑간 전정중선) 2촌 옆
- 적용: 늑막염, 늑간신경통, 기관지염, 기침, 천식, 구토

(27) 유부

- 위치: 선기혈(쇄골하연 전정중선) 2촌 옆
- 적용: 불면증, 천식, 흉통, 기침, 두통

⑨ 수궐음심포경(手厥陰心包經)

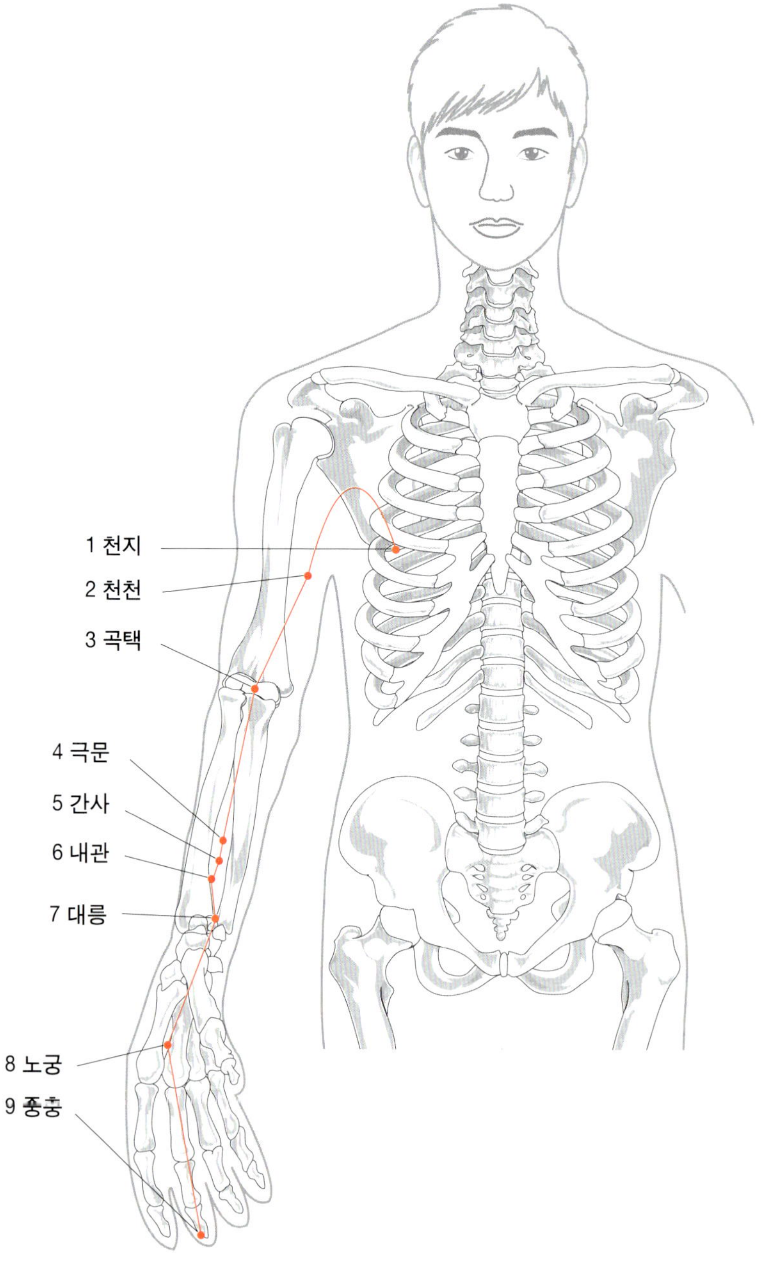

1) 심포경(心包經)의 기능

음(陰)의 경락이고 삼초(三焦)와 표리관계이다. 심포는 동양의학에서는 인체에 존재하지 않지만, 기능이 있는 장기의 개념이다. 심장의 기능을 대행하여 순환기 계통과 정신적인 문제를 주관하고 심장을 보호하는 역할을 한다.

2) 순행 경로

안으로의 흐름은 가슴에서 시작하여 심포에 속하고 삼초에 낙(絡)한다. 그중 한 경맥은 가슴을 따라 올라와 천지혈로 이어진다.

밖으로의 흐름은 천지혈에서 나와 겨드랑이를 거쳐 팔 안쪽 중앙으로 내려와 손바닥의 노궁혈에 들어가서 중지 손톱 뿌리 내측 중충혈로 나온다. 그중 다른 하나의 경맥은 손바닥에서 갈라져 약지 손톱 뿌리 외측 관충혈로 가서 수소양삼초경과 만난다.

3) 미용적 증상과 주요 병증

심포경의 순행이 원활하지 않으면 손바닥에서 열이 나고 겨드랑이가 붓고 가슴과 옆구리가 답답하며 가슴이 두근거린다. 얼굴이 붉어지고 검어지며 눈이 피로하면서 충혈된다.

4) 경혈의 위치와 적용

(1) 천지

- 위치: 유두에서 외측으로 1촌 옆
- 적용: 유방염, 액와선염, 부종, 늑간신경통, 만성 기침, 천식

(2) 천천

- 위치: 액와 횡문 2촌 아래 심포 경락과 만나는 곳
- 적용: 심계항진, 심통, 늑간신경통, 만성 기침

(3) 곡택

- 위치: 주관절 횡문 중앙
- 적용: 심통, 심계항진, 위통, 구토, 설사, 심장염, 기관지염

(4) 극문

- 위치: 대릉혈과 곡택혈 사이 정중앙, 대릉혈 5촌 위
- 적용: 심통, 심계항진, 심장염, 만성 기침, 늑간신경통

(5) 간사

- 위치: 극문혈 2촌 아래, 대릉혈 3촌 위
- 적용: 협심증, 위염, 늑간신경통, 정신질환, 구토, 심통, 심계항진

(6) 내관

- 위치: 간사혈 1촌 아래, 대릉혈 2촌 위
- 적용: 멀미, 협심증, 고혈압, 저혈압, 위염, 간장염, 구토, 위통

(7) 대릉(수궐음심포경의 원혈)

- 위치: 손바닥 손목 관절 횡문 중앙
- 적용: 신경쇠약, 심통, 위통, 구토, 고혈압, 편도선염, 두통

(8) 노궁

- 위치: 제2, 3 중수골 사이로 주먹을 쥐었을 때 중지 끝이 닿는 곳
- 적용: 실신, 불안, 초조, 황달, 정신질환, 구토, 구취, 소화불량, 피로

(9) 중충

- 위치: 중지 손톱 뿌리 내측 모서리 0.1촌 옆
- 적용: 실신, 정신질환, 불안, 초조, 어지럼증, 심통, 혼미

⑩ 수소양삼초경(手少陽三焦經)

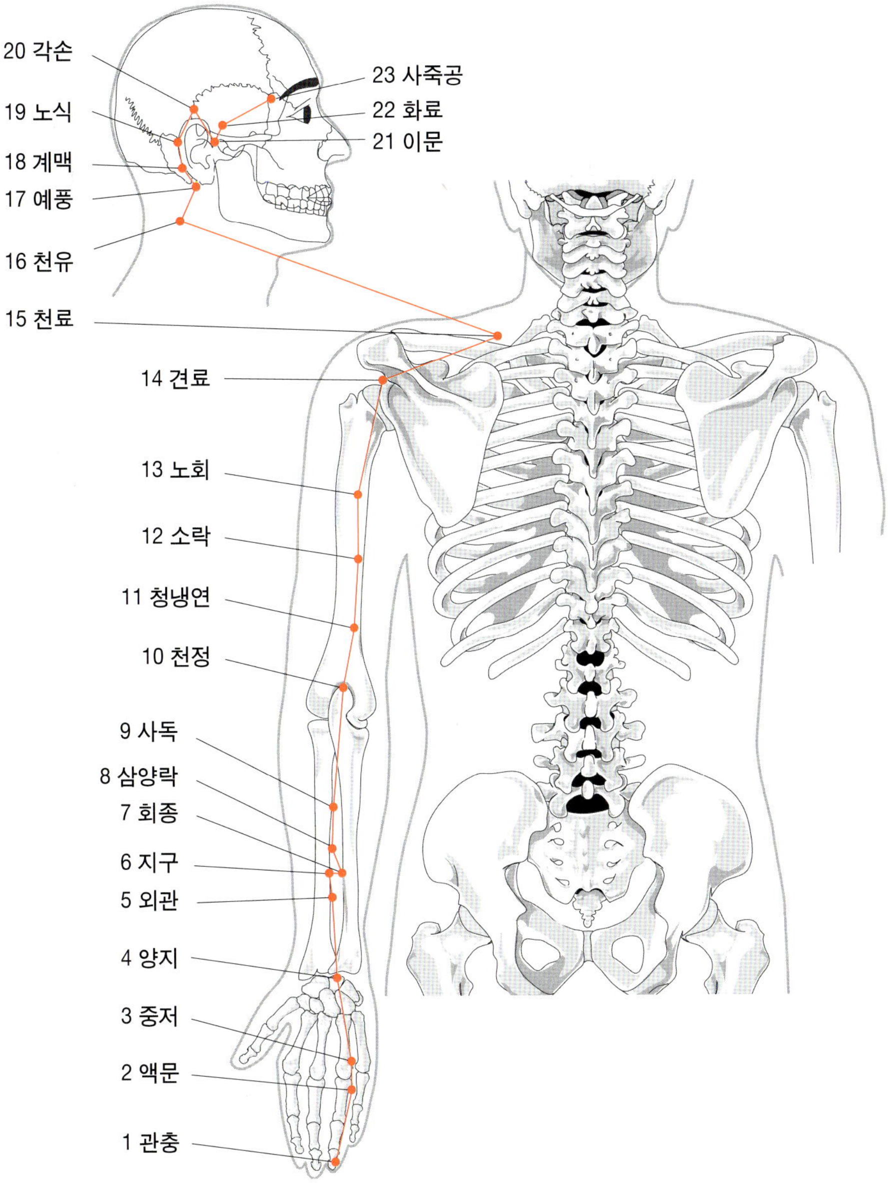

1) 삼초경(三焦經)의 기능

양(陽)의 경락이고 심포(包經)와 표리관계이다. 삼초는 기능만 있고 존재하지는 않는다. 상초, 중초, 하초로 인체 부위에 따라 구분한다. 상초는 혀 아래에서 흉부까지의 심, 폐의 장기가 해당되며 혈의 순환작용과 호흡작용에 관여한다. 중초는 위의 상구에서 위의 하구까지의 상복부에 해당하는 비, 위의 장기를 말하며 음식물의 소화, 흡수의 작용을 한다. 하초는 위의 하구에서 배설기능을 담당하는 하복부까지로 간, 신, 대장, 소장, 방광 등을 포함한다.

삼초는 각 장부가 제 기능을 할 수 있도록 서로 연결해 주는 연결 통로로 동양의학에서는 인체에 존재하지 않지만 기능이 있는 장기의 개념이다.

2) 순행 경로

밖으로의 흐름은 약지 손톱 뿌리 관충혈에서 시작하여 손등으로 흘러 팔꿈치를 지나 팔 외측을 따라 어깨에 이르러 족소양담경의 견정혈과 만나고 독맥의 대추혈에 모여 위경의 결분혈로 들어간다.

안으로의 흐름은 결분혈에서 전중혈로 나뉘어 심포에 낙(絡)하고 횡격막을 지나 삼초에 속하고 삼초의 하합혈인 위양혈까지 그 기가 미친다. 한 경맥은 전중혈을 따라 올라가 결분혈로 다시 나와서 목 뒤로 올라가 귀 뒤 예풍혈을 지나 귓바퀴를 돌아 얼굴 볼에 이른다. 또 다른 경맥은 예풍혈에서 갈라져 귓속으로 들어가 귀 앞으로 다시 나오고 담경의 상관혈을 지나 얼굴 볼에서 앞의 분지와 만나며 눈 바깥쪽 동자료혈에 이르러 족소양담경과 만난다.

좌우에 각각 23개씩의 경혈이 분포되어 있다.

3) 미용적 증상과 주요 병증

삼초경의 순행이 원활하지 않으면 피부가 가렵고 예민하며 알레르기성 피부가 되기 쉽다. 눈이 피로하고 목이 아프고 뻣뻣하다. 복부가 팽만하며 변비가 되기 쉽고 이명이 생기거나 귀가 잘 안 들린다.

4) 경혈의 위치와 적용

(1) 관충

- 위치: 약지 손톱 뿌리 외측 모서리 0.1촌 옆
- 적용: 두통, 구토, 눈병, 인후질환, 각막염, 편도선염, 열병, 혼미

(2) 액문

- 위치: 손등 제4, 5 중수지절 관절 아래
- 적용: 결막염, 두통, 인후종통

(3) 중저

- 위치: 손등 제4, 5 중수지절 관절 위
- 적용: 고혈압, 두통, 편두통, 어지럼증, 이명, 열병

(4) 양지(수소양삼초경의 원혈)

- 위치: 손목 관절 배면 횡문 중앙
- 적용: 감기, 두통, 견갑통, 인후종통, 손목 부위 동통

(5) 외관

- 위치: 양지혈 2촌 위, 척골과 요골 사이
- 적용: 감기, 고혈압, 두통, 편두통, 이명, 견갑통, 천식

(6) 지구

- 위치: 외관혈 1촌 위, 척골과 요골 사이, 양지혈 3촌 위
- 적용: 변비, 폐렴, 늑막염, 늑간신경통, 구토, 이명

(7) 회종

- 위치: 지구혈에서 척골쪽으로 0.1촌 옆
- 적용: 상박신경통, 상지동통

(8) 삼양락

- 위치: 지구혈 1촌 위, 척골과 요골 사이, 양지혈 4촌 위
- 적용: 실어증, 치통, 상지동통

(9) 사독

- 위치: 팔꿈치 5촌 아래, 척골과 요골 사이
- 적용: 실어증, 인후염, 치통, 상지동통

(10) 천정

- 위치: 팔꿈치 상연 오목한 곳
- 적용: 편두통, 기관지염, 편도선염, 인후염, 견갑통, 요통, 두통

(11) 청냉연

- 위치: 천정혈 1촌 위
- 적용: 견배통, 두통, 상지동통

(12) 소락

- 위치: 청냉연혈과 노회혈 중앙
- 적용: 두통, 치통, 견비통

(13) 노회

- 위치: 견료혈 3촌 아래, 삼각근 후연
- 적용: 두통, 치통, 상지동통

(14) 견료

- 위치: 견봉 외측 가장자리 아래 오목한 곳
- 적용: 견비통, 견갑통, 늑막염, 후두통, 편두통

(15) 천료

- 위치: 견갑골 상각 외측 윗부분, 견정혈과 곡원혈 중앙
- 적용: 견비통, 늑막염

(16) 천유

- 위치: 유양돌기 뒤쪽 아래 흉쇄유돌근 후연
- 적용: 이명, 인후염, 안면부종, 견배통, 두통

(17) 예풍

- 위치: 귓불 뒤 오목한 곳
- 적용: 안면신경마비, 뇌졸중, 치통, 이명, 이하선염

(18) 계맥

- 위치: 예풍혈과 각손혈을 3등분 했을 때 예풍혈에서 1/3 지점
- 적용: 두통, 구토, 이명

(19) 노식

- 위치: 예풍혈과 각손혈을 3등분 했을 때 예풍혈에서 2/3 지점
- 적용: 두통, 구토, 이명

(20) 각손

- 위치: 귓바퀴를 앞으로 접어 그 꼭짓점에 해당하는 곳의 발제
- 적용: 눈병, 각막염, 치통, 구내염, 편두통

(21) 이문

- 위치: 청궁혈 위 오목한 곳
- 적용: 중이염, 치통, 편두통, 두통, 귀질환, 눈병

(22) 화료

- 위치: 이문혈 0.5촌 위
- 적용: 두통, 비염, 축농증, 이명, 안면신경마비

(23) 사죽공

- 위치: 눈썹 끝부분 오목한 곳
- 적용: 두통, 편두통, 치통, 현기증, 결막염, 안면신경마비

11 족소양담경(足少陽膽經)

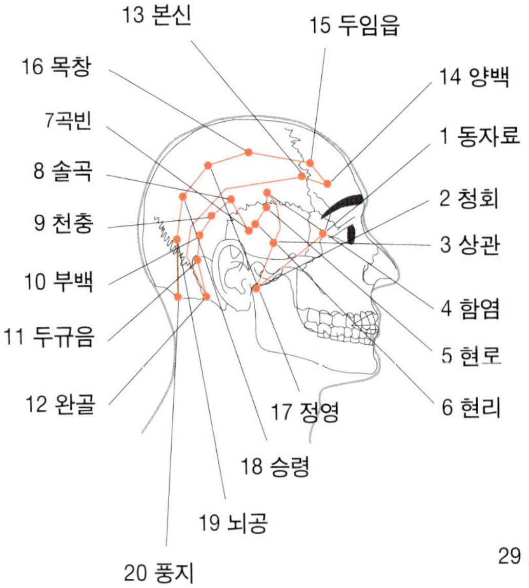

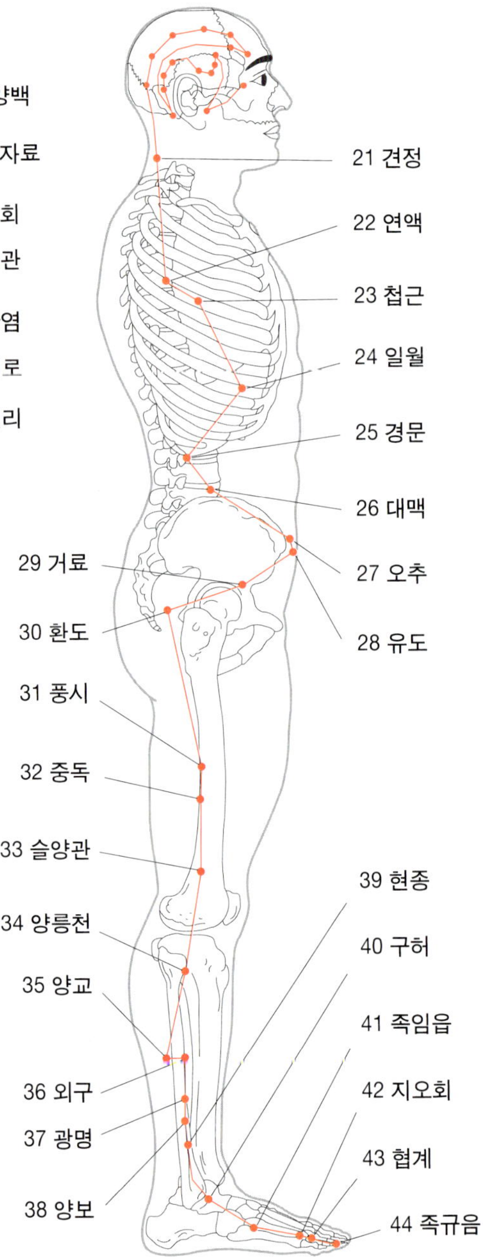

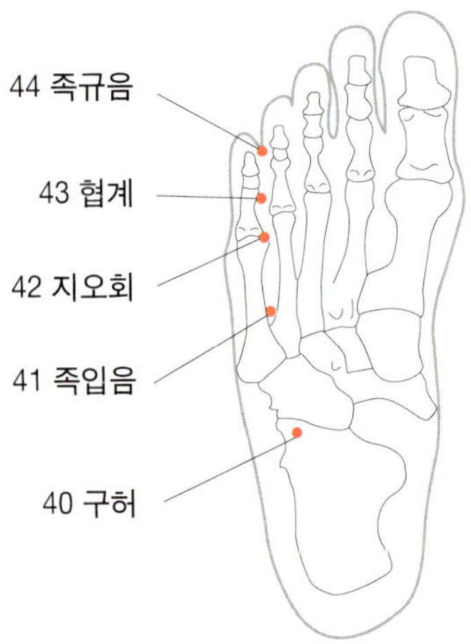

1) 담경(膽經)의 기능

양(陽)의 경락이고 오행에서는 목(木)에 속하며 간(肝)과 표리관계이다. 담낭은 간에 부착되어 있으며 간에서 분비되는 담즙을 농축하고 저장하고 배설하여 위와 간의 소화 기능을 돕는다. 중정의 관으로 결단을 관장하여 용감함이나 대담한 의식 활동과 관련이 있다.

2) 순행 경로

눈꼬리 옆 동자료혈에서 시작하여 위로 이마 모서리로 가고, 귀 뒤로 완골까지 내려갔다가 다시 옆머리를 돌아 올라와 눈썹 위 양백혈을 지나 뒤로 돌아 풍지혈에 이른다. 수소양경 앞으로 어깨 위에 이르고 좌우가 대추혈에서 교차하여 결분혈로 들어간다. 한 경맥은 귀 뒤에서 나와 귓속으로 들어갔다 다시 귀 앞으로 나와 눈꼬리에서 끝난다. 또 다른 경맥은 눈꼬리에서 갈라져 결분혈에서 대추혈에서 교차하여 내려오던 경맥과 합쳐진다.

얼굴에서 내려온 경맥과 뒷목을 거쳐 돌아온 줄기가 결분혈에서 만나 모인 후 명치를 지나고 간에 낙(絡)한 후 담에 속하고 위경의 기충혈로 나와 환도혈에 이른다. 또 다른 경맥은 결분혈에서 겨드랑이를 따라 몸 측면으로 내려와 옆구리를 지나고 엉덩이 환도혈에서 다른 지맥과 만난 후 아래로 흘러 대퇴 옆으로 내려와 비골 아래 끝까지 내려온다. 외측 복사뼈 앞 아래로 나와 약지 발톱뿌리 외측 족규음혈에서 끝난다. 발등 족임읍혈에서 한 갈래가 갈라져 나와 엄지발가락 쪽으로 가서 족궐음간경과 만난다.

3) 미용적 증상과 주요 병증

담경의 순행이 원활하지 않으면 입안이 쓰고 한숨을 자주 쉬며 가슴과 옆구리가 몹시 아프다. 편두통, 불안, 초조, 불면증 등의 증상이 나타난다. 피부에 윤기가 없으며 모공이 넓어지고 피지 분비가 과다해진다.

4) 경혈의 위치와 적용

(1) 동자료

- 위치: 눈 바깥쪽 0.5촌 옆
- 적용: 눈질환, 결막염, 각막염, 망막염, 두통, 시력 저하, 안면신경마비

(2) 청회

- 위치: 청궁혈 아래 입을 벌리면 생기는 오목한 곳
- 적용: 귀질환, 치통, 이명, 안면신경마비, 중이염

(3) 상관

- 위치: 하관혈 바로 위 협골궁 상연 오목한 곳
- 적용: 편두통, 이명, 치통, 안면신경마비, 눈병

(4) 함염

- 위치: 두유혈과 곡빈혈을 4등분 했을 때 두유혈에서 1/4 지점
- 적용: 편두통, 이명, 치통

(5) 현로

- 위치: 두유혈과 곡빈혈의 중앙
- 적용: 편두통, 치통, 두통, 비염

(6) 현리

- 위치: 두유혈과 곡빈혈을 4등분 했을 때 곡빈혈에서 1/4 지점
- 적용: 편두통, 두통, 치통, 이명

(7) 곡빈

- 위치: 각손혈과 화료혈 중앙
- 적용: 편두통, 두통, 치통, 삼차신경통

(8) 솔곡

- 위치: 각손혈 1.5촌 위
- 적용: 편두통, 두통, 구토, 어지럼증, 눈질환

(9) 천충

- 위치: 솔곡혈과 완골혈을 4등분 했을 때 솔곡혈에서 1/4 지점
- 적용: 두통, 어지럼증, 치통, 이명

(10) 부백

- 위치: 솔곡혈과 완골혈의 중앙
- 적용: 두통, 이명, 편도선염, 눈질환

(11) 두규음

- 위치: 솔곡혈과 완골혈을 4등분 했을 때 완골혈에서 1/4 지점
- 적용: 두통, 이명, 어지럼증, 눈질환

(12) 완골

- 위치: 유양돌기 중앙 뒤쪽 오목한 곳
- 적용: 두통, 치통, 편두통, 정신질환, 귀질환, 안면신경마비

(13) 본신

- 위치: 신정혈 3촌 옆
- 적용: 두통, 현기증, 구토, 간질

(14) 양백

- 위치: 눈썹 중앙에서 1촌 위
- 적용: 두통, 안면신경마비, 정신질환, 불면증, 눈꺼풀의 경련, 눈 동통

(15) 두임읍

- 위치: 양백혈 직상 전발제 0.5촌 위
- 적용: 두통, 코막힘, 축농증, 각막염, 어지럼증, 뇌졸중

(16) 목창

- 위치: 두임읍혈 1촌 뒤
- 적용: 두통, 코막힘, 안면 부종, 안구충혈

(17) 정영

- 위치: 목창혈 1촌 뒤
- 적용: 두통, 치통, 어지럼증, 오심, 구토

(18) 승령

- 위치: 정영혈 1.5촌 뒤
- 적용: 두통, 어지럼증, 코막힘

(19) 뇌공

- 위치: 승령혈 1.5촌 뒤
- 적용: 두통, 어지럼증, 후두신경통, 천식, 오한 발열

(20) 풍지

- 위치: 유양돌기 하단과 아문혈의 중앙
- 적용: 두통, 뇌졸중, 어지럼증, 고혈압, 이명, 안면신경마비, 치통, 눈질환

(21) 견정

- 위치: 대추혈과 견봉의 중앙
- 적용: 어깨통증, 견갑통, 견배통, 목통증, 자궁출혈

(22) 연액

- 위치: 액와 중앙과 장골릉 최고점을 연결하는 중액와선 제4 늑간
- 적용: 늑막염, 늑간신경통, 기침

(23) 첩근

- 위치: 연액혈에서 유중방향으로 1촌 옆
- 적용: 구토, 하복창만

(24) 일월(족소양담경의 모혈)

- 위치: 기문혈 0.5촌 아래
- 적용: 급성 간염, 만성 간염, 구토, 황달, 위장질환, 늑간신경통

(25) 경문

- 위치: 제12 늑골 앞쪽 끝 바로 아래
- 적용: 신장염, 요통, 배뇨 곤란, 척추질환, 늑간신경통

(26) 대맥

- 위치: 제11 늑골 앞쪽 끝 아래 배꼽과 같은 높이의 수평선을 이루는 곳
- 적용: 월경불순, 자궁내막염, 요통, 방광질환, 대장질환, 생식기 질환, 좌골신경통, 전립선염

(27) 오추

- 위치: 상전장골극 바로 앞
- 적용: 복통, 변비, 고환염

(28) 유도

- 위치: 오추혈 0.5촌 전하방
- 적용: 복통, 자궁내막염, 변비, 요통, 고환염, 구토

(29) 거료

- 위치: 오추혈과 대퇴골 대전자 최고점 중앙
- 적용: 요통, 하지마비, 고환염, 자궁내막염, 방광염

(30) 환도

- 위치: 대퇴골 대전자와 미골을 3등분 했을 때 미골에서 1/3 지점
- 적용: 요통, 좌골신경통, 하지마비, 두통, 견갑통, 둔부 통증

(31) 풍시

- 위치: 대퇴 바깥쪽 중선상, 슬와횡문 7촌 위
- 적용: 좌골신경통, 대퇴신경통, 하지동통, 무릎 관절염, 고관절통

(32) 중독

- 위치: 풍시혈 2촌 아래, 슬와횡문 5촌 위
- 적용: 좌골신경통, 하지동통, 하지마비

(33) 슬양관

- 위치: 대퇴골 외측상과 위 오목한 곳
- 적용: 무릎 관절통, 무릎 관절염, 하지마비, 견갑통, 눈병

(34) 양릉천

- 위치: 비골두 앞 바로 아래 오목한 곳
- 적용: 황달, 염좌, 좌골신경통, 무릎 관절통, 무릎 관절염, 견갑통, 편두통

(35) 양교

- 위치: 외측 복사뼈 7촌 위, 비골 후연
- 적용: 좌골신경통, 요통, 뇌졸중, 무릎관절통, 천식, 늑막염

(36) 외구

- 위치: 외측 복사뼈 7촌 위, 비골 전연
- 적용: 비복근 경련, 비골신경통

(37) 광명

- 위치: 외구혈 2촌 아래
- 적용: 야맹증, 결막염, 편두통, 시신경 위축

(38) 양보

- 위치: 광명혈 1촌 아래
- 적용: 전신 동통, 요통, 무릎 관절염, 하지신경통, 편두통, 인후종통

(39) 현종

- 위치: 양보혈 1촌 아래, 외측 복사뼈 3촌 위
- 적용: 좌골신경통, 고혈압, 인후종통, 치질, 요통, 뇌졸중, 무릎 관절통, 발 저림

(40) 구허(족소양담경의 원혈)

- 위치: 외측 복사뼈 전하방 오목한 곳
- 적용: 담낭염, 늑간신경통, 좌골신경통, 발목 염좌

(41) 족임읍

- 위치: 발등 제4, 5 중족골 결합 부위 앞쪽 오목한 곳
- 적용: 요통, 월경불순, 족부동통, 견갑통, 늑막염, 결막염

(42) 지오회

- 위치: 제4 중족지절관절 뒤 바깥쪽 오목한 곳
- 적용: 두통, 이명, 요통, 족배동통

(43) 협계

- 위치: 제4 중족지절관절 앞 바깥쪽 오목한 곳
- 적용: 두통, 이명, 늑간신경통, 열병

(44) 족규음

- 위치: 약지 발톱 뿌리 외측 모서리 0.1촌 옆
- 적용: 두통, 불면증. 월경불순, 황달, 늑막염, 늑간신경통, 눈병, 천식

⑫ 족궐음간경(足厥陰肝經)

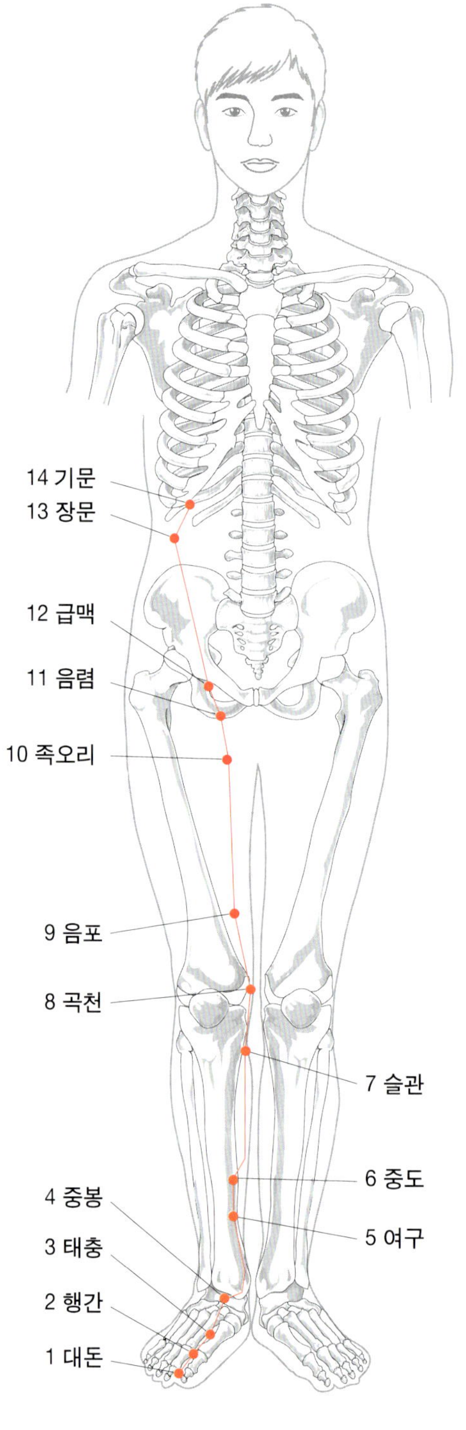

1) 간경(肝經)의 기능

음(陰)의 경락이고 오행에서는 목(木)에 속하며 담(膽)과 표리관계이다. 외부로부터 들어오는 병을 막고 독소 물질을 해독하는 작용이 있다. 일정량의 혈액을 저장하고 필요한 곳에 혈액을 공급하는 기능이 있으며 사고와 사색 활동을 주재하고 배짱과 기백과 관련이 있다. 눈을 통해 간의 상태를 알 수 있고 손톱을 통해 증상을 알 수 있다.

2) 순행 경로

밖으로의 흐름은 엄지 발톱 뿌리 대돈혈에서 시작되어 엄지와 검지 발가락 사이로 흘러 내측 복사뼈 앞 중봉혈을 지나 하퇴 안쪽을 따라 올라가 내측 복사뼈 8촌 위에서 족태음비경과 교차하여 뒤로 넘어가 무릎 안쪽을 지나 대퇴 안쪽으로 올라가 생식기를 돌아 아랫배로 들어간다.

안으로의 흐름은 아랫배로 들어간 다음 위장을 끼고 올라와 간에 속하고 담에 낙(絡)한다. 위로 횡격막을 지나 목과 코 부위에 이르며 위로는 이마를 지나 정수리에 이르러 독맥과 만난다. 다른 경맥은 눈 가장자리를 따라 얼굴 볼 쪽으로 내려가 입술 속으로 돌아 들어간다. 또 다른 경맥은 다시 간에서 갈라져 횡격막을 지나 폐로 들어갔다 중완혈까지 내려가 수태음폐경에 이어진다.

3) 미용적 증상과 주요 병증

간경의 순행이 원활하지 못하면 피부가 약하고 근육에 탄력이 없다. 또한, 쉽게 피로하고 눈이 아프거나 시력이 떨어진다. 소설 기능이 지나치면 간의 기가 위로 올라가 얼굴이 붉어지고 눈이 충혈된다. 또한, 얼굴에 기미가 생기고 피지분비가 활발해져서 여드름이 생길 수 있다.

4) 경혈의 위치와 적용

(1) 대돈

- 위치: 엄지 발톱 뿌리 외측 모서리 0.1촌 옆
- 적용: 간질환, 자궁출혈, 자궁하수, 월경과다, 생식기 질환, 설사, 변비

(2) 행간

- 위치: 제1 중족지절관절 앞 바깥쪽 오목한 곳
- 적용: 간질환, 눈질환, 야뇨증, 불면증, 심계항진, 두통, 배뇨 곤란, 월경불순, 월경통, 변비

(3) 태충(족궐음간경의 원혈)

- 위치: 발등 제1, 2 중족골 결합 부위 앞쪽 오목한 곳
- 적용: 간질환, 배뇨 곤란, 자궁출혈, 월경불순, 어지럼증, 두통, 고혈압, 담낭질환

(4) 중봉

- 위치: 내측 복사뼈 1촌 앞, 전경골근 힘줄 안쪽 바로 아래 오목한 곳
- 적용: 요통, 배뇨 곤란, 복통, 황달, 간염

(5) 여구

- 위치: 내측 복사뼈 5촌 위, 경골 안쪽
- 적용: 배뇨 곤란, 월경불순, 자궁내막염, 무좀, 피부소양증

(6) 중도

- 위치: 여구혈 2촌 위
- 적용: 월경 과다, 복통, 설사

(7) 슬관

- 위치: 음릉천혈 1촌 뒤
- 적용: 무릎 관절통, 무릎 관절염, 인후통

(8) 곡천

- 위치: 슬와횡문 내측 끝
- 적용: 무릎 통증, 무릎 관절염, 생식기 질환, 월경불순, 월경통, 배뇨 곤란

(9) 음포

- 위치: 무릎을 굽혀 곡천혈에서 4촌 위
- 적용: 복통, 배뇨 곤란, 월경불순

(10) 족오리

- 위치: 기충혈 3촌 아래
- 적용: 배뇨 곤란, 생식기 질환, 호흡 곤란

(11) 음렴

- 위치: 족오리혈 1촌 위
- 적용: 월경불순, 불임증, 음부소양

(12) 급맥

- 위치: 곡골혈 2.5촌 옆
- 적용: 하복부통증, 대퇴내측통증

(13) 장문

- 위치: 제11 늑골 앞쪽 끝 바로 아래
- 적용: 간염, 장염, 소화불량, 늑간신경통, 늑막염, 기관지염, 천식, 피로, 원기 부족, 설사, 구토

(14) 기문(족궐음간경의 모혈)

- 위치: 거궐혈 3.5촌 옆
- 적용: 구토, 황달, 상복부 통증, 빈혈, 신장염, 담낭염, 소화불량, 늑간신경통, 늑막염, 기관지염, 천식

P / A / R / T 4

미용 경락의 실제

P/A/R/T 4

미용 경락의 실제

1 미용 경락 망진(望診)

망진이란 안색(顔色)을 비롯하여 눈, 입, 코, 귀, 혀 등을 살펴본 후 병세(病勢)의 진전과 예후(豫後)를 진단하는 방법이다.

1) 비만의 형태와 그에 따른 경락의 문제

- 등이 굽고 가슴이 작으며 소복이 나온 것은 폐와 대장의 문제이다.
- 상복부가 나온 것은 소화계통(위, 대장)의 문제이다.
- 상완이 굵은 것은 대장의 문제이다.
- 허벅지가 굵은 것은 족삼음경과 족삼양경의 문제이다.
- 혈해 부위가 굵은 것은 비장의 문제이다.
- 대포 부위가 나온 것은 비습(脾濕)의 문제이다.
- 엉덩이가 늘어지고 닭살인 것은 방광의 문제이다.
- 둔부 상부에 살이 찐 것은 대장의 문제이다.
- 허리가 굵어지는 것은 신장의 문제이다.

2) 얼굴 색택 망진

- 백색: 주로 허증(虛症)과 한증(寒症)을 나타낸다. 얼굴색이 창백하고 부종이 있으면 양기(陽氣)가 허약한 것이다.
- 황색: 주로 습증(濕症)과 허증을 나타낸다. 귤색 같은 얼굴은 양황(陽黃)이며 습열증이고, 황색이 매연에 그을린 것 같으면 음황(陰黃)으로 한습(寒濕)에 속한다.
- 홍색: 주로 열증을 나타낸다. 오후에 볼뼈 부분이 붉으며 체형이 마른 것은 허열(虛熱)에 속한다.
- 청색: 주로 한증과 어혈을 나타낸다. 얼굴색이 창백하고 푸른색을 띠면 음한(陰寒)이 성한 것이다.
- 흑색: 주로 신허(腎虛)나 어혈(瘀血)을 나타낸다. 얼굴색이 검으면 신양(腎陽)이 허한 것으로 음한이 응체한 것이다.
- 왼쪽 볼이 붉은 것은 간의 열이다.
- 오른쪽 볼이 붉은 것은 폐의 열이다.
- 코끝이 붉은 것은 비의 열이다.
- 광대뼈를 따라 붉은 것은 신의 열이다.
- 얼굴이 군데군데 붉은 것은 양기가 안에 갇힌 것이다. 양기가 기육을 보호하지 못하고 갇혀 있으므로 피부가 약하게 된다. 이런 증상에는 피부를 마사지하여 양기를 밖으로 나오게 한다.
- 얼굴 전체가 붉은 것은 열이 내부에 갇힌 것이므로 발한을 촉진하면서 열을 밖으로 쫓아낸다. 냉습포를 하고 목의 모든 양경을 쓸어내리면 효과가 있다.

3) 눈의 망진

동공은 신(腎)에 속하고, 홍채는 간(肝)에 속하며, 흰 동자는 폐(肺)에 속하고,

안검은 비(脾)에 속한다. 오장육부의 정기는 모두 눈으로 흐르므로 '눈은 마음을 따른다'고 한다.

- 눈에 광채가 있고 영활하면 정기가 충만한 표현이다.
- 눈 주위가 꺼져 있으면 진액이 훼손된 것이다.
- 눈꺼풀이 녹색을 띠며 붉고 흐물거리면 비의 습열을 나타낸다.
- 안구가 돌출된 것은 담화울결(痰火鬱結)이다.
- 눈이 부어오르는 것은 부종의 시작이며, 신기의 쇠약이 원인이다.
- 동공의 축소는 중독으로 볼 수 있다.

4) 코의 망진

코는 폐와 위를 진단할 수 있다.

- 코끝이 밝고 윤기 있는 것은 위기(胃氣)가 건강한 것이다.
- 코끝이 생기가 없고 건조하면 비위(脾胃)의 기가 원활치 못하다.
- 코의 색이 창백하면 기혈이 부족한 것이다.
- 코끝이 붉으면 비경에 습열이 축적된 것이다.
- 콧구멍이 마르면 폐에 열이 있는 것이다.
- 코가 막히고 맑은 콧물이 나오면 차가운 외기의 영향이며, 탁하면 열에 의한 영향이다.

5) 입과 주변의 망진

비와 위의 변이를 알 수 있다.

- 입술 색이 담백하면 혈허의 증상이다.
- 입술 색이 홍색이면 열성이다.
- 입꼬리에 침이 고이는 것은 습이 성한 것이다.

- 입술이 마르고 어두우면 전신 피부의 진액이 촉촉하지 않음을 의미한다.
- 입술이 윤택하고 붉으며 활력이 있으면 전체 피부의 기혈이 원활한 것이다.
- 입술이 마르고 인중 부위가 부으면 피부와 살이 연약하다.
- 인중은 자궁과 방광에 해당된다.
- 인중 부위가 변색된 것은 신기가 고갈된 것이다.

6) 미용 변이의 망진

- 코에 피지가 많은 것은 비의 문제이다.
- 볼살이 늘어지는 것은 비와 위의 문제이다.
- 이마에 여드름이 있고 붉으면 심의 열이다.
- 볼이 창백하며 실핏줄이 보이거나 예민한 것은 폐의 열이다.
- 턱의 단단한 여드름은 대장의 문제이다.
- 입 주위가 검고 탄력이 없는 것은 생식기 계통의 문제이다.
- 입술이 트거나 갈라지는 것은 비나 위 또는 진액의 고갈이다.

2 미용 경락 절진

절진은 시술자 몸의 특정한 부위를 특정 도구나 기구, 혹은 손으로 만져서 그 반응을 관찰하는 것이다.

1) 복부 진단

복부는 12경맥의 모혈이 있으며, 섬세하게 눌러보면 장기의 이상이 촉지되는 곳이다. 촉지되는 느낌은 이물감, 경결, 통증, 함몰되는 느낌을 말한다.

(1) 12경맥의 복모혈

- 폐 - 중부(폐경): 쇄골 밑 1촌
- 심 - 거궐(임맥): 배꼽 위 6촌
- 심포 - 단중(임맥): 양 유두 사이
- 간 - 기문(간경): 유두 아래 갈비뼈 밑
- 담 - 일월(담경): 기문 밑 1촌
- 비장 - 장문(비경): 11번 갈비뼈 밑
- 위 - 중완(임맥): 배꼽과 명치 중간, 배꼽 위 4촌
- 삼초 - 석문(임맥): 배꼽 아래 2촌
- 신 - 경문(담경): 12갈비뼈 밑
- 대장 - 천추(위경): 배꼽 옆 2촌
- 소장 - 관원(임맥): 배꼽 밑 3촌
- 방광 - 중극(임맥): 배꼽 밑 4촌

(2) 복부 진단의 방법

- 한손으로 진단할 때에는 시술자의 오른손으로 진단한다.
- 진단은 무지, 사지, 수장을 이용한다.
- 양손으로 진단할 경우 오른손 위에 왼손을 올려놓고(쌍장압), 힘을 줄 때에는 왼손에 힘을 주고 오른손은 수장 전체로 배의 상태를 지그시 누른다.
- 간장의 장기를 촉진할 때에는 왼손을 허리에 대고 오른손은 복부에 대고 갈비뼈 사이에 끼워 넣는 방법으로 진단한다.

① 위 진단

- 공복 시 진단한다.
- 상복부의 정중선을 사지로 진단하여 압통이나 경결 상태를 진단한다.

- 위염, 소화성 궤양 - 심와부가 딱딱하고 고도의 압통
- 궤양 천공 - 심와부의 압통, 극렬한 자발통

② **담낭 진단**

- 왼손 엄지와 오른손 엄지를 오른쪽 늑골 밑 옆구리 부위에 대고 심호흡을 시킨다.
- 흡(吸, 들이마심)하였을 때는 담낭이 하강하는 때이므로 통증을 느끼면 이상으로 본다.
- 호(呼, 내쉼)기에 통증이 있으면 십이지장의 이상으로 본다.
- 피술자를 옆으로 눕힌 후 시술자의 왼손을 허리에 대고 담낭을 촉진한다.

③ **간장의 진단**

- 시술자의 오른 손을 피술자의 복부 위에 두고 왼손은 허리 부분에 대고 복벽을 끼듯이 하여 천천히 심호흡을 유도한다.
- 흡기 시에 사지복에 힘을 주고 간장 하연에서 위로 밀어 넣어 촉진한다. 이때 압통과 덩어리가 느껴지면 간장의 이상이다.
- 피술자의 우측 늑골 부위에 시술자의 왼손을 얹은 다음 오른손 주먹으로 두드려 본다. 이때 통증이 느껴지면 울혈 및 비만증으로 인한 간장의 이상이다.

④ **췌장의 진단**

- 췌장은 후 복막강에 위치하여 촉지가 어려우므로 췌장의 이상 증상은 촉지되는 것보다 상복부의 팽창으로 나타난다.

⑤ **비장의 진단**

- 시술자의 오른손은 좌측 갈비뼈 뒤쪽에 왼손은 허리를 돌려서 앉듯이 하고 피술자에게 심호흡을 천천히 하도록 한다.
- 흡기 시 압을 가해 오른손을 12늑골 안쪽에 밀어 넣어 비장을 진단한다.

⑥ **신장의 진단**

- 손을 복부와 등허리(요추) 부분에 대고 복벽을 끼듯이 하여 천천히 심호흡을 유도한다.
- 복부와 등허리 부위(요추)에 손을 대고 심호흡을 할 때 흡기가 끝나고 호기가 시작하려 할 때, 깊숙이 수지를 압하면 신의 하연이 촉진된다.
- 신은 하강이 있을 때만 촉지되므로 복부 쪽보다는 허리 쪽에서 촉지되는 경우도 있다.
- 좌 · 우 같은 방법으로 실시하며, 누워서 촉지되지 않을 경우 서서 촉지하면 잘 나타난다.
- 신장을 촉진할 때 크기, 모양, 압통 등을 체크한다.

⑦ **대 · 소장의 진단**

- S결장 부위의 뭉침이 가장 많이 촉지되는데 일반적으로 변비 시에 촉지된다.
- 우장골와에서 압통이 확인되면 급성 충수염일 가능성이 높다.
- 배꼽 주변에 덩어리 같은 것이 촉지되며, 장음과 함께 이동하는 것은 배에 가스가 차 있는 것이다.

⑧ **방광의 진단**

- 방광에 요(尿)가 차있는 경우, 치골 위에서 탁구공만 한 물체가 느껴지지만 배뇨 후에는 사라진다.
- 방광 부위를 촉지해 보았을 때 잔뇨감이나 배뇨 불쾌감, 또는 압통이 느껴지는 경우에는 급성 방광염을 의심해 볼 수 있다.

2) 배수혈 진단

(1) 진단 방법

방광 1선을 엄지로 압을 주며 하행해 가면서 각 부위의 경결, 함몰, 압통, 모공 크기, 붉어짐, 피하조직의 융기, 이완, 피부의 이상 등을 보면서 진단한다. 주로 융기, 긴장 상태일 때는 실증이고, 함몰, 이완 상태일 경우 허증이다.

진단 방법은 무지압이나 사지압 등을 이용하여 증상을 파악한다.

(2) 진단 혈의 명칭과 위치

- 폐의 수혈: 흉추 3면 양측 1.5촌에 위치 → 폐유혈
- 심의 수혈: 흉추 4번 양측 1.5촌에 위치 → 궐음유혈
- 심포의 수혈: 흉추 5번 양측 1.5촌에 위치 → 심유혈
- 간의 수혈: 흉추 9번 양측 1.5촌에 위치 → 간유혈
- 담의 수혈: 흉추 10번 양측 1.5촌에 위치 → 담유혈
- 비의 수혈: 흉추 11번 양측 1.5촌에 위치 → 비유혈
- 위의 수혈: 흉추 12번 양측 1.5촌에 위치 → 위유혈
- 삼초의 수혈: 요추 1번 양측 1.5촌에 위치 → 삼초유혈
- 신의 수혈: 요추 2번 양측 1.5촌에 위치 → 신유혈
- 대장의 수혈: 요추 4번 양측 1.5촌에 위치 → 대장유혈
- 소장의 수혈: 선추 1번 양측 1.5촌에 위치 → 소장유혈
- 방광의 수혈: 선추 2번 양측 1.5촌에 위치 → 방광유혈

3 경락 마사지

1) 경락 마사지의 치병 원리

① 혈액 및 림프액의 순환을 촉진시키며 신진대사를 촉진시킨다.
② 근육의 경결, 위축, 이완을 회복시킨다.
③ 골격의 이상 또는 변형을 교정한다.
④ 자율신경의 실조를 조절한다.
⑤ 내장, 체표 반사점의 지압으로 인체 장부 각 기관의 기능을 조절한다.

2) 경혈 지압의 압도

(1) 경압

가볍고 부드럽게 누르는 방법으로 처음 지압을 받는 사람, 아픈 곳을 치료하기 전 어린이나 노약자, 병에 시달려 허약한 사람에게 적용한다.

(2) 쾌압

약간 통증을 느끼면서도 상쾌한 감을 갖는 정도로 치료, 피로 풀기, 경혈 부위 지압에 효과적이다.

(3) 강압

강하게 눌러 준다. 아픈 부위가 만성으로 인해 둔한 사람, 지압을 오래 받은 사람에게 적용한다.

3) 지압의 3원칙

(1) 수직압

경혈점을 위에서 아래로 지압

(2) 지속압

지압을 눌러서 시간을 지속하고, 한 경혈당 3~4초 누른다. 신경이 뇌에서 말초신경까지 골고루 전달되고 혈액이나 내분비액이 활발해진다.

(3) 조화압

치료받는 사람은 치료 시에 상대를 신뢰하고 반드시 나의 병은 고친다는 믿음을 갖고, 치료하는 사람은 내가 꼭 아픈 곳을 치료하여 주겠다는 마음으로 손가락 끝에 기를 모아 치료한다.

4) 경혈 지압을 하는 손동작의 방법

(1) 무지압

무지는 지압의 중심적인 역할을 한다. 무지는 지문 부위를 사용하므로 압이 편안하고 넓게 들어가며, 힘의 강약 조절이 쉽다. 무지는 신체의 전반에 활용, 지압의 기본이다.

(2) 쌍무지압

무지압의 일종으로 가장 강한 자극을 준다. 만성으로 인해 둔해진 경혈에 강한 자극을 주어야 효과를 볼 수 있는 곳에 적용한다.

(3) 쌍장압

다른 손에 손바닥을 포개어 수근이나 손바닥 전체를 활용하여 압을 준다. 장압은 주로 척추를 지긋이 눌러 안정시키는 작용을 한다.

(4) 권압

정확한 경혈에 대고 치료할 수는 없으나 강압을 하는 데 필요한 요법으로 허리 부위, 둔부에 주로 사용된다.

(5) 파악법

손가락 전체를 활용하여 손가락 끝에 힘을 가하여 꽉 쥐는 동작으로 주로 근육이 많은 부위를 치료한다. 주로 어깨의 승모근, 다리의 대퇴근, 팔 등에 사용된다.

(6) 사지압

엄지손가락을 제외한 나머지 네 개의 손가락을 활용하는 지압법으로 손을 포개어 누르는 방법이 가장 효과적이며, 주로 복부 치료에 사용한다. 지문 부위를 활용해 아주 가볍게 지긋이 골고루 지압한다. 소화기나 변비 등에 반응이 좋다.

(7) 주관절압

주로 둔부에 활용, 상당히 강한 압이 들어가므로 처음에는 가벼운 지압이나 다른 요법으로 충분히 이완시킨 다음에 팔꿈치를 사용한다.

(8) 이완법(=진동요법=경찰요법)

근육이 굳어 있는 부위를 문질러 풀어 주는 것으로 한쪽 손 또는 양쪽 손을 이용(손바닥 이용)하여 지긋이 누른 다음 빠르게 진동을 준다. 둔부, 허리, 대퇴근 등에 많이 쓰이며 일순간 피로를 푸는데 효과적이다.

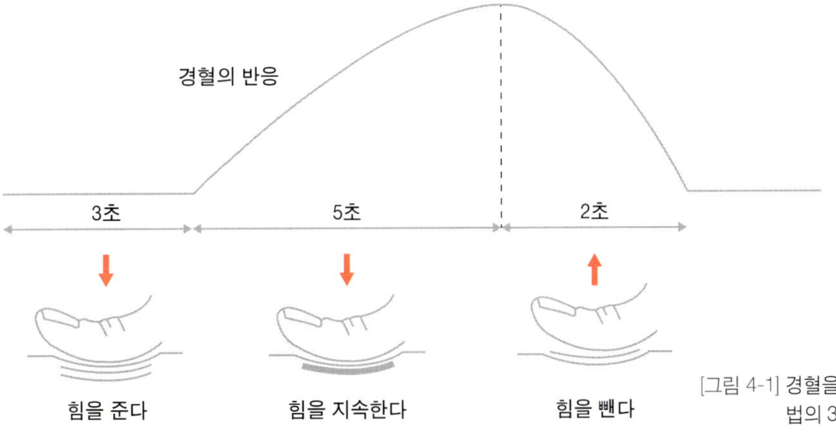

[그림 4-1] 경혈을 누르는 법의 3원칙

4 경락 마사지의 기본 수법(基本手法)

경락 마사지는 지압과 오일을 이용한 수기 마사지, 그리고 도구를 이용한 괄사요법, 불을 이용한 화주경락 등 여러 방법이 있다. 그중 손을 이용한 수기요법이 가장 많이 사용되고 있으며, 그 외의 요법은 보조적인 요법으로 볼 수 있다.

경락 마사지에 사용되는 수기요법의 기본 수법은 다음과 같다.

1) 추나법(推拿法)

(1) 추법(推法)

밀어주기 동작으로 엄지를 사용하는 무지압과, 손바닥을 사용하는 장압, 가벼운 주먹을 쥐고 하는 권압, 팔꿈치를 이용하는 주관절압 등이 있다. 엄지의 무지압은 주로 경혈을 자세히 지압하거나 밀어줄 때 사용하며, 장압은 등을 부드럽게 쓰다듬거나 밀어줄 때, 주관절압은 등을 강하게 지압하며 밀어줄 때, 권압은 강압이 필요한 등이나 허벅지를 밀어줄 때 사용한다.

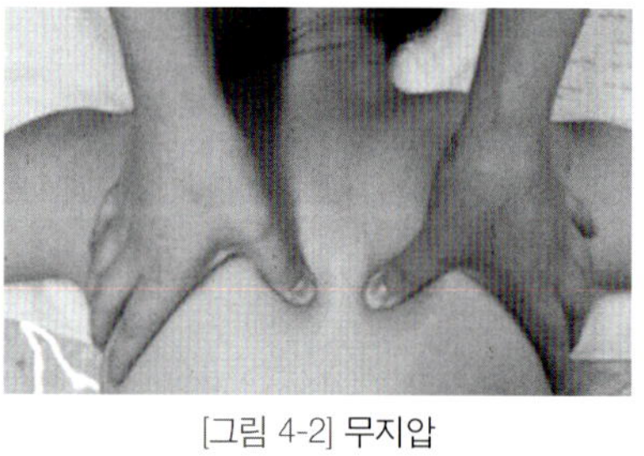

[그림 4-2] 무지압

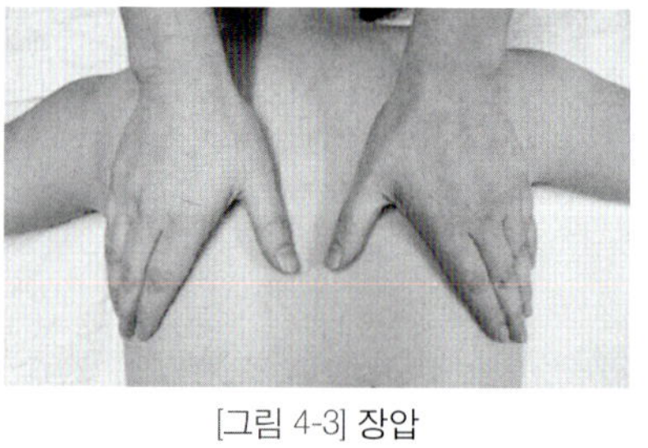

[그림 4-3] 장압

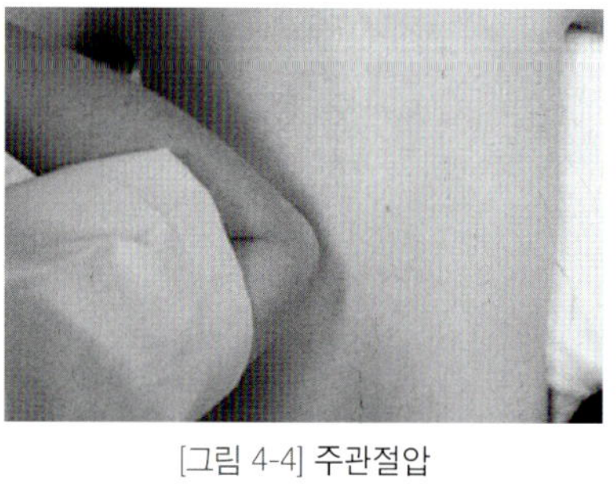

[그림 4-4] 주관절압

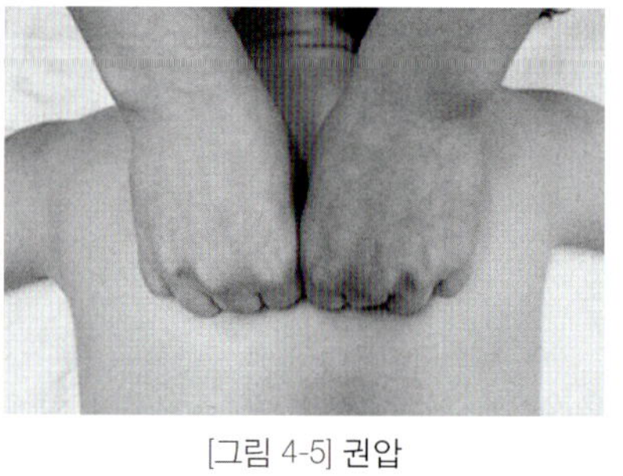

[그림 4-5] 권압

(2) 나법(拿法)

집어주기 동작으로 근육을 엄지와 사지를 이용하여 집어주는 파악법 동작으로 주로 어깨와 목 주변, 팔과 다리의 뭉친 근육에 사용된다.

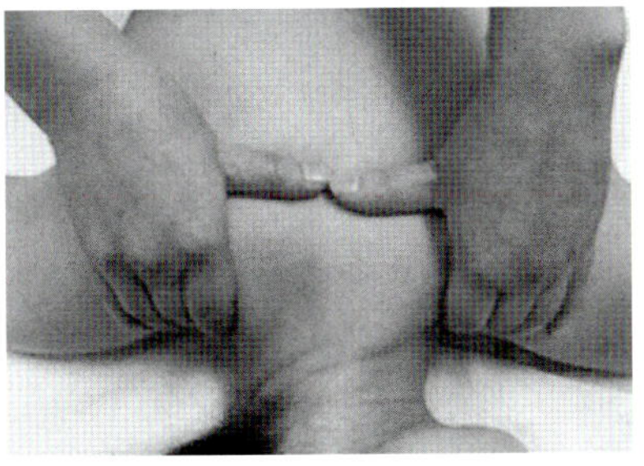

[그림 4-6] 파악법

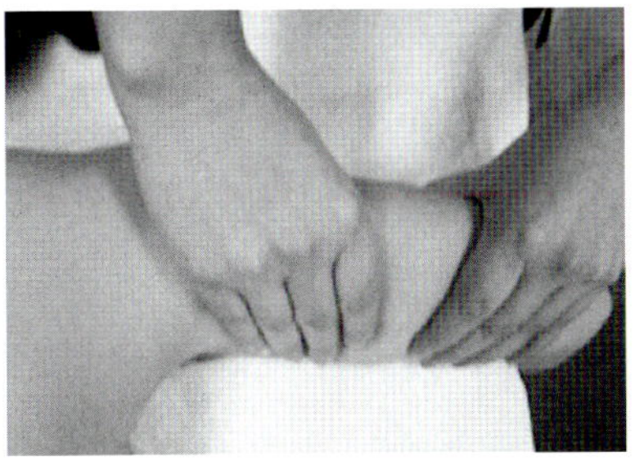

[그림 4-7] 파악법

2) 안마법(按摩法)

(1) 안법(按法)

지압의 의미로 점안법(點按法)이라고도 하며, 무지를 이용한 얼굴 지압, 검지를 구부려서 강한 압이 필요한 다리의 족삼리혈이나 발바닥의 용천혈에 사용하며, 주관절압은 팔꿈치를 이용하여 엉덩이의 환도혈 부위에 사용된다. 주로 무지압, 주관절압 등으로 시술한다.

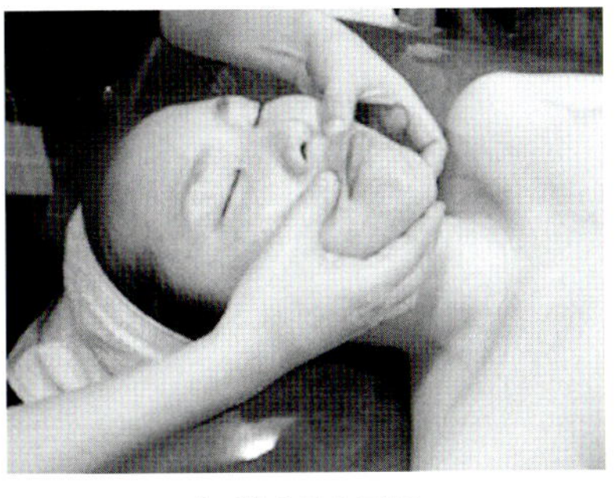

[그림 4-8] 무지압

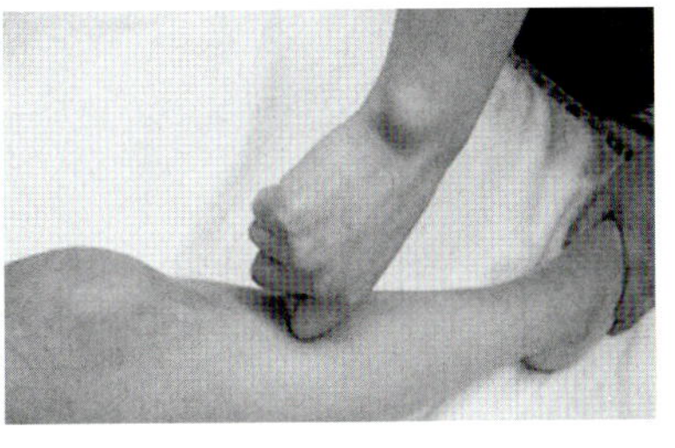

[그림 4-9] 족삼리혈

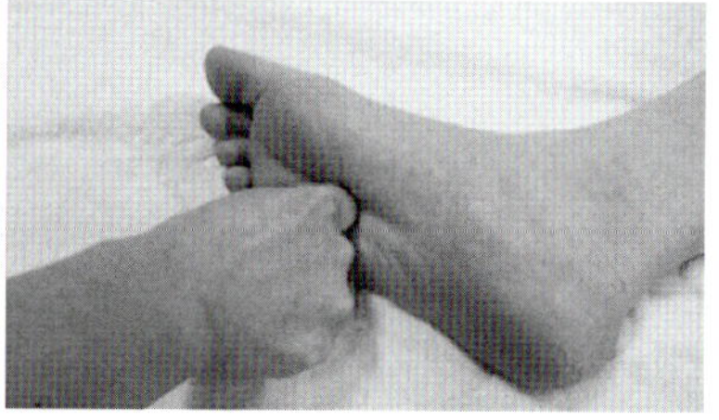

[그림 4-10] 용천혈

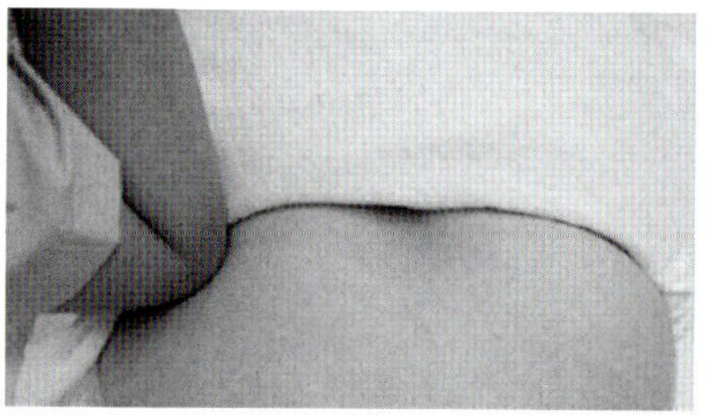

[그림 4-11] 환도혈

(2) 마법(摩法)

문지르며 마찰하는 방법으로 피하조직, 근육까지 자극한다. 수근을 이용하여 복부에 사용하는데, 이는 장을 유동시키는 방법으로 위장, 소장, 대장을 이롭게 한다. 허리와 엉덩이의 군살을 제거하는 데도 효과적이며, 장압, 사지압, 파악법 등으로 사용한다.

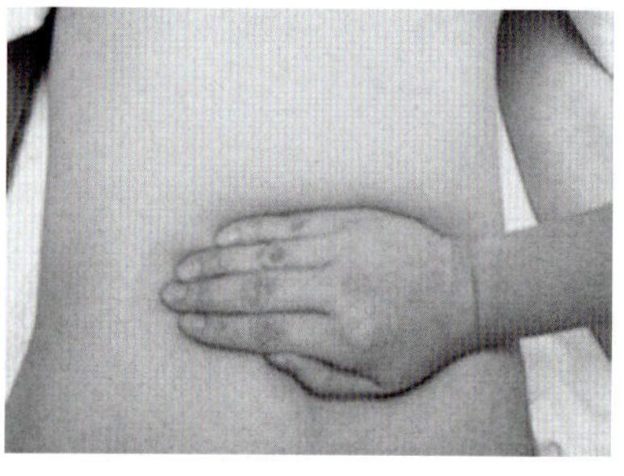

[그림 4-12] 장압

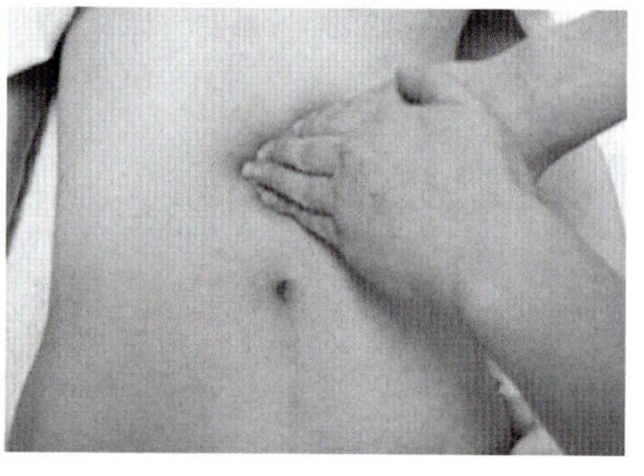

[그림 4-13] 사지압

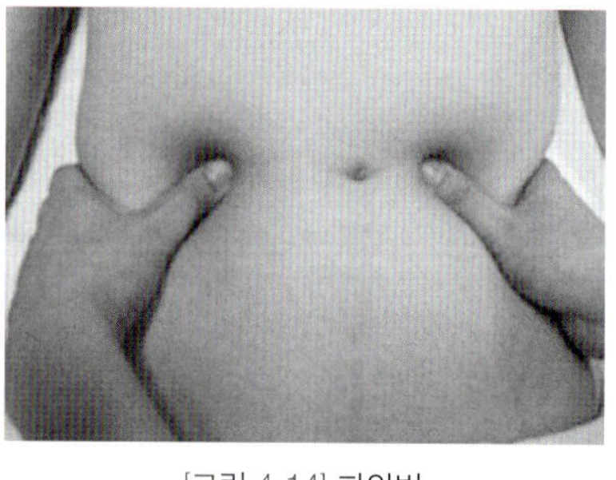

[그림 4-14] 파악법

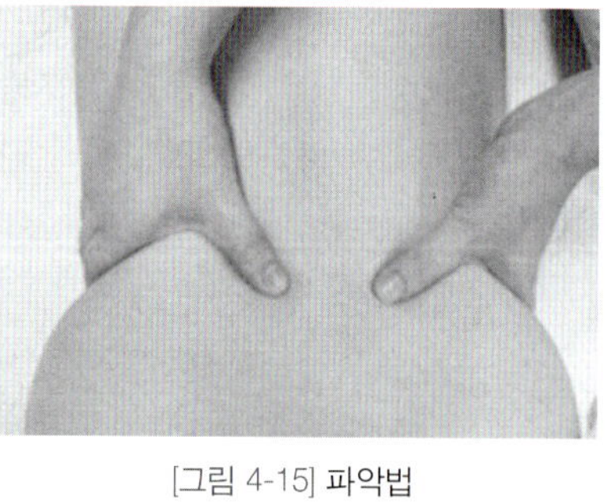

[그림 4-15] 파악법

3) 유법(揉法)

피부에 밀착하야 주무르며, 문지르는 방법으로 뭉친 근육을 풀어주는 데 사용된다. 손의 합곡혈을 무지로 돌려주는 방법이 있으며, 쌍장압으로 등의 근육을 풀어주고, 팔뚝을 이용하여 등을 문지르는 응용 방법, 권압으로 엉덩이와 허리를 문지르는 방법이 있다.

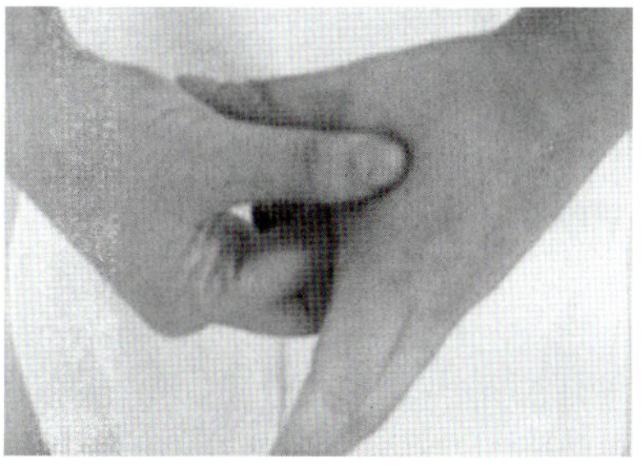

[그림 4-16] **무지압**

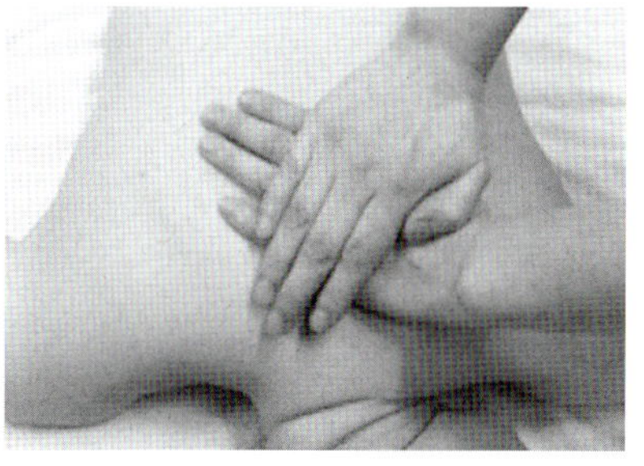

[그림 4-17] **쌍장압**

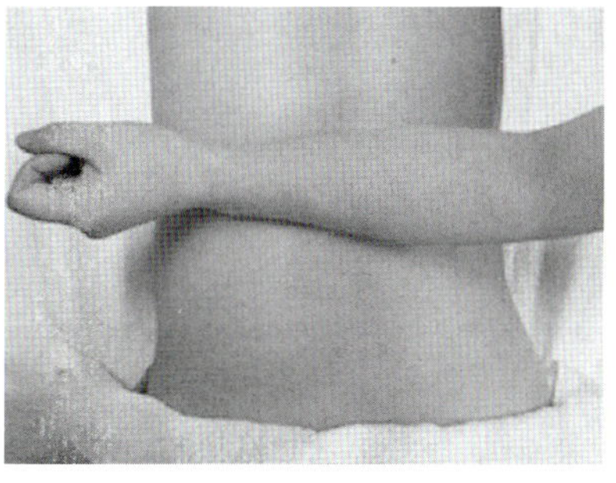

[그림 4-18] **응용**

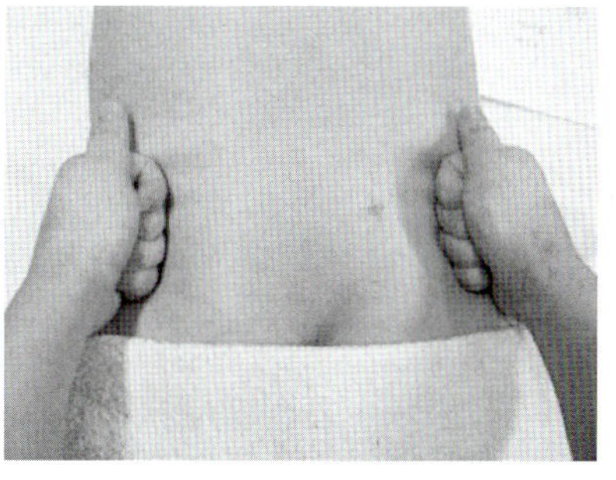

[그림 4-19] **권압**

4) 권법(拳法, 곤법)

주먹을 사용하는 방법으로 곤법이라고도 한다. 등, 어깨, 엉덩이 근육을 풀 때는 강한 권압으로 풀어주고, 등이나 가슴의 흉골 부위는 빈 주먹을 쥐고서 팔목 관절을 이용하여 앞뒤로 굴려주며 밀어주는 용봉법을 사용한다. 척추를 눌러주는 방법으로 두 손을 깍지 끼워서 하는 응용 방법도 있다.

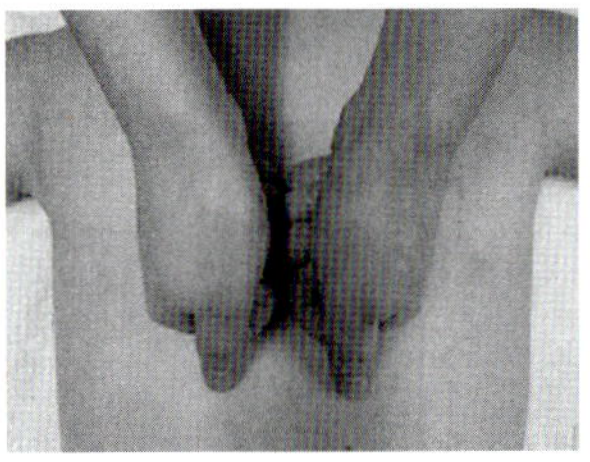

[그림 4-20] 권압

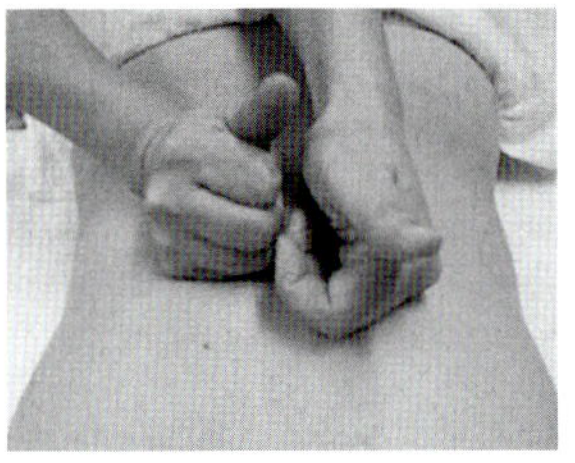

[그림 4-21] 용봉법

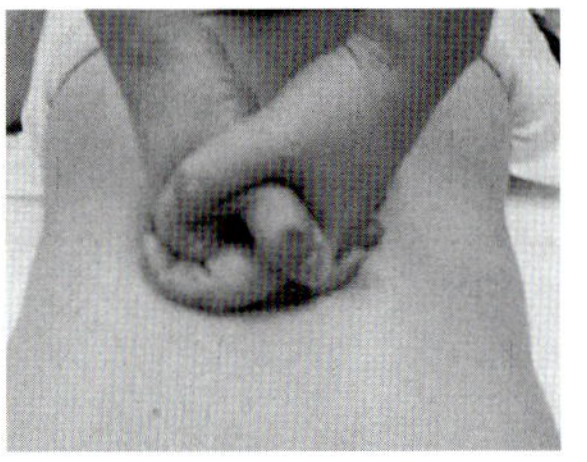

[그림 4-22] 응용

5) 진동법(振動法, 진전법)

손을 비벼 마찰하여 따뜻하게 한 후, 피부에 흡착시켜 손바닥 가운데의 노궁혈을 맞추어 대고, 격장해서 떨어 주는 방법으로 진전법이라고도 하며, 손의 열기가 심부로 들어가 기(氣)를 보하는 효과가 크므로 보법(補法)이라고도 한다.

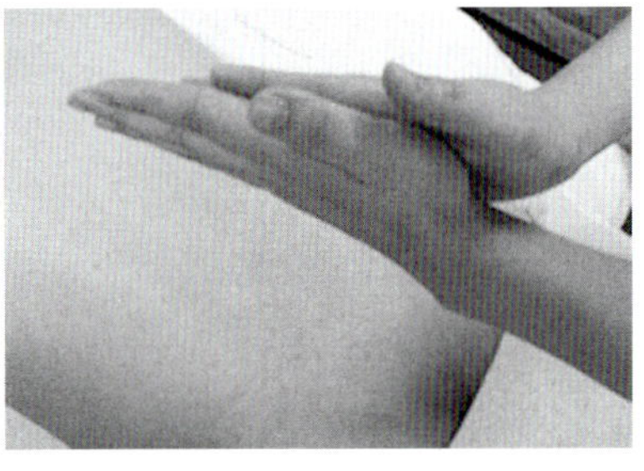

[그림 4-23] 마찰하기

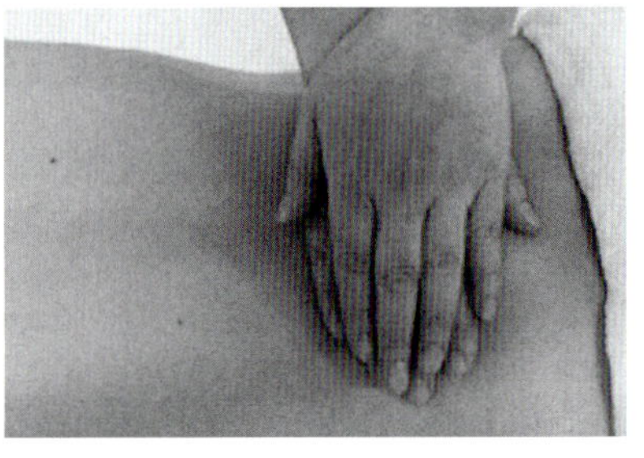

[그림 4-24] 떨어 주기

허리 부위의 2요추 밑에 위치한 명문혈과 그 옆의 신유혈에 사용한다. 명문혈은 명문지화(命門之火), 즉 생명의 문이라고 하며, 기가 출입하는 곳이므로 따뜻하게 불을 지펴 보호해야 하는 곳이다. 신유혈은 선천지본(先天之本), 즉 생명의 근본이므로 침, 뜸, 그 외 여러 가지 방법으로 보해 준다.

6) 찰법(擦法)

손을 비벼 마찰한 후 손바닥에 열이 나게 해서 경혈에 대고 열이 심부 깊이 전달되도록 한다. 주로 골반의 기초인 팔료혈이나 자궁 부위에 사용한다. 남녀 생식 계통에 기를 보하며, 불임, 성기능 장애에 효과적이고 대, 소변이 불통일 때 사용한다.

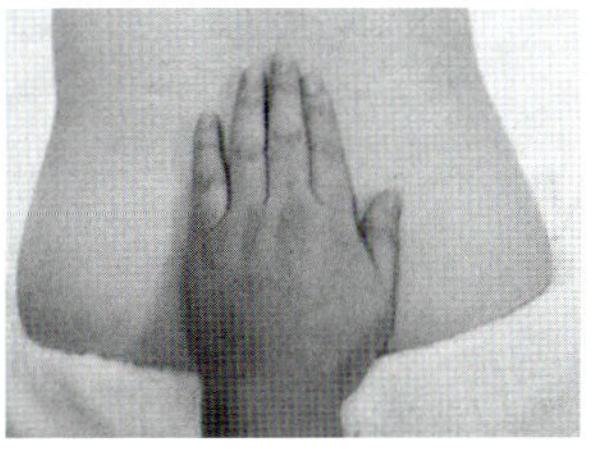
[그림 4-25] 찰법(팔료혈)

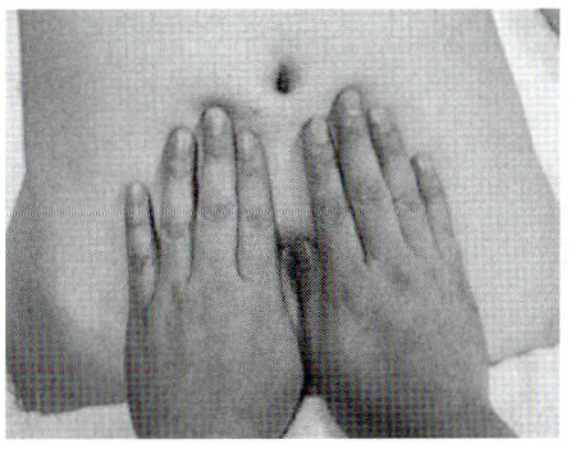
[그림 4-26] 찰법(하복부)

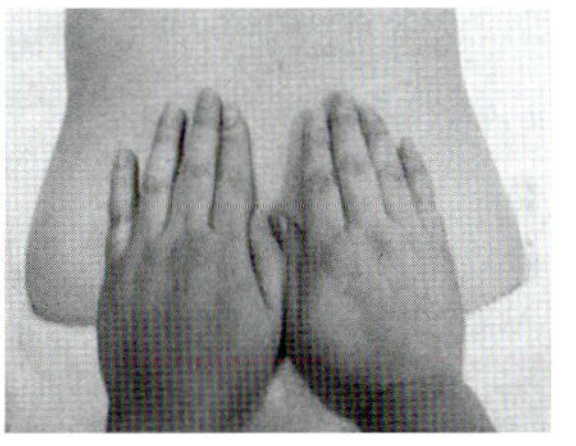
[그림 4-27] 찰법(허리)

7) 두법(抖法)

상지와 하지를 두 손으로 잡고 흔들어 주는 방법으로 신경을 느슨하게 이완시키고, 피로를 풀어주는 동작이며, 주로 마사지의 마지막 단계에서 팔이나 다리를 잡고 흔들어준다.

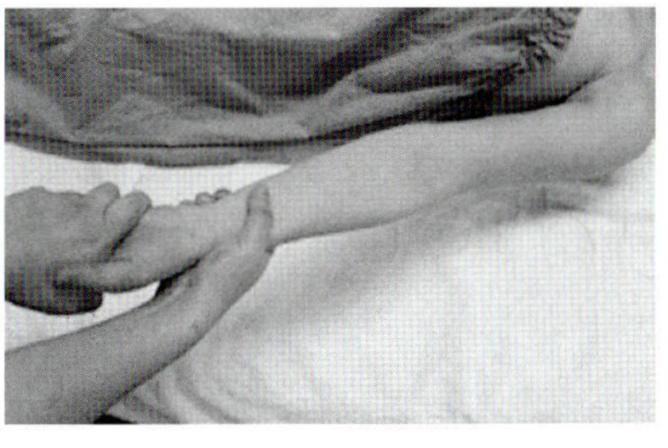
[그림 4-28] 상지 두법

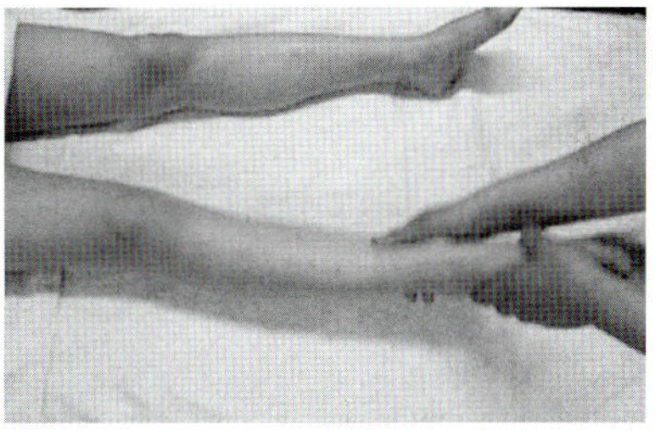
[그림 4-29] 하지 두법

5 미용 경락과 괄사요법(刮痧療法)

약이나 주사, 수술 외 요법인 대체의학으로서 가장 많이 사용되고 있는 경락요법은 경락의 선로와 경혈을 자극하여 병증을 예방, 치료, 개선시킨다. 경락요법에서는 수기요법이 가장 많이 사용되고 있으며, 그 외 보조적인 요법으로 괄사요법이 있는데, 손으로 치료할 수 없는 깊은 어혈을 자극하여 긁는 방법으로 인체의 뭉침 현상이나 어혈, 동통을 개선시킨다.

괄사는 중국 의학(中醫)의 치료 방법으로 중국의 유구한 역사와 더불어 전해 내려오는 전통 민간 시술 방법의 하나이다. 이미 구석기 시대에 폄석을 이용하여 질병을 시술하였으며 이러한 내용은 중국의 유명 의서인 『내경(內經)』에 기재되어 있다.

'괄사'란 중국말로 긁는다는 뜻으로 한문으로 '괄사(刮莎)요법'이라고 한다. 괄사요법은 숟가락이나 접시로 피부를 긁거나 문지르는 방법으로 자극을 주어서 경락을 통하게 하여 질병 치료나 예방에 사용되고 있다. 사용 방법이 간단하고 배우기 쉬우며 허물을 남기지 않는다.

괄사요법에는 전식(全息) 경락(經絡) 괄사(刮痧: 꽈사)란 말이 있다. 전신을 괄사로 긁으면 모래처럼 발진이 생겨 경락선로의 표피 위로 올라오는 것을 몸의 병증을 나타내는 신호로 보며, 어혈이 뭉친 곳은 병변 증상이 있는 신호이므로 그곳과 관계된 장부의 질병을 의심해 볼 수 있다.

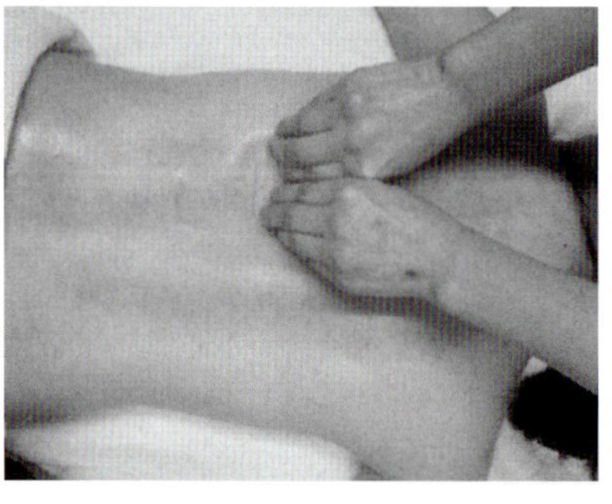

[그림 4-30] 전신경락 (상체의 괄사요법)

1) 전식(全息) 괄사요법의 치병 원리

괄사요법을 통하여 사(자극 등)가 나오면 원래의 동통(통증)이 없어지고, 체내의 독소가 배출되며, 혈액순환이 개선된다. 이것은 외상으로 나타난 출혈이나 어혈처럼 혈관이 파괴되고 질병을 일으키지 않는다. 괄사 후에 체내에 독소가 많으면 사가 많이 나오고, 면적도 크지만 일반적으로 5~7일 이후에는 사가 없어진다. 괄사요법은 정상적인 생리현상에 영향을 주지 않으므로 안전한 치병 효과가 있다.

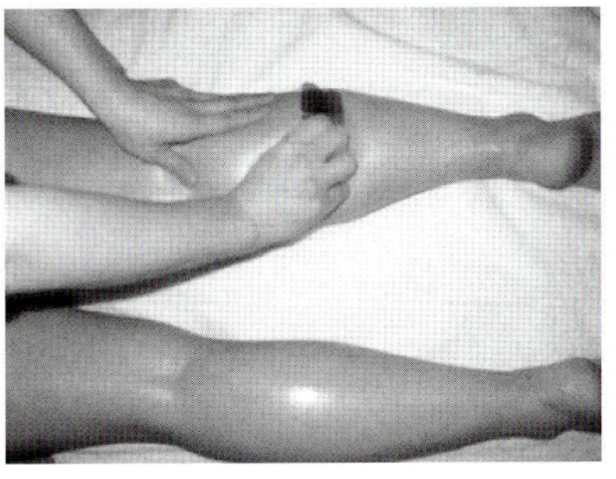

[그림 4-31] 전신 경락 (하체의 괄사요법)

2) 괄사에 사용되는 도구

괄사에 사용되는 소재는 옥, 물소 뿔(서각), 나무 등이 있다.

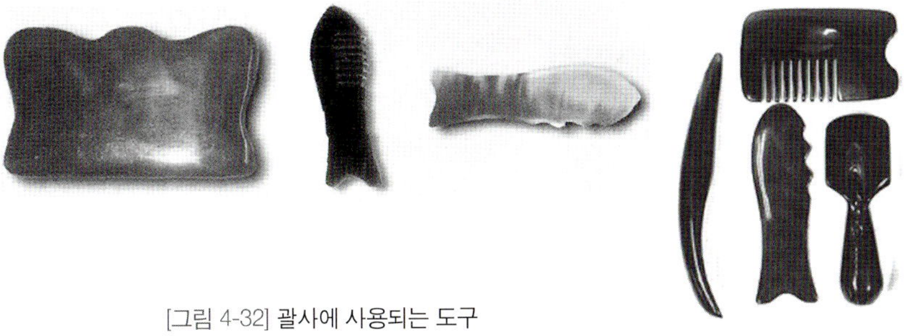

[그림 4-32] 괄사에 사용되는 도구

3) 괄사 방법

먼저 오일을 바르고 위로부터 아래로, 안쪽으로부터 바깥쪽으로 압력을 가하면서 아래위로 왔다 갔다 하지 않고, 한 방향으로만 밀어준다.

괄사는 보통 사법에 속하며 독소나 어혈을 배출시키는 기능이 있다. 방법은 압력을 크게 하고 속도를 빠르게 중심 부위부터 말단까지 빼주는 방법을 사용한다. 압력을 작게 하고 속도를 느리게 하며 말단 부위에서 중심 부위로 올라오는 방법은 고령자이거나 체질이 약한 사람에게 사용한다.

괄사하는 방법은 다음과 같다.

(1) 면괄법(面刮法)

괄사반의 넓은 면으로 동일한 방향으로 인체의 비교적 평탄한 부위에 사용한다.

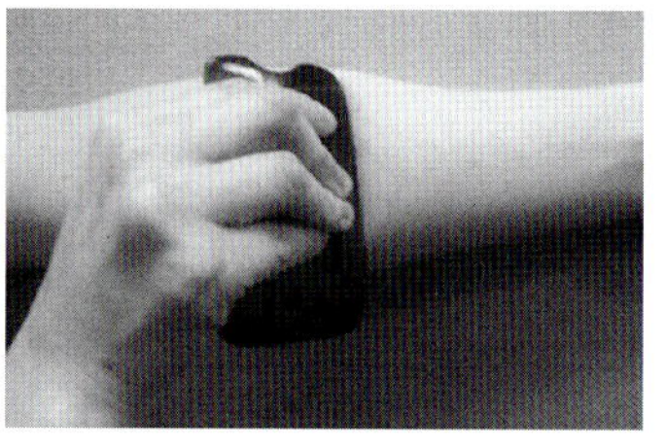

[그림 4-33] 면괄법

(2) 각괄법(角刮法)

괄사반을 45도 각으로 인체의 척추, 어깨 부위에 작용한다. 중풍환자나 교통사고 후유증이 있는 사람, 난치병이나 뇌성마비 환자에게도 효과가 있다.

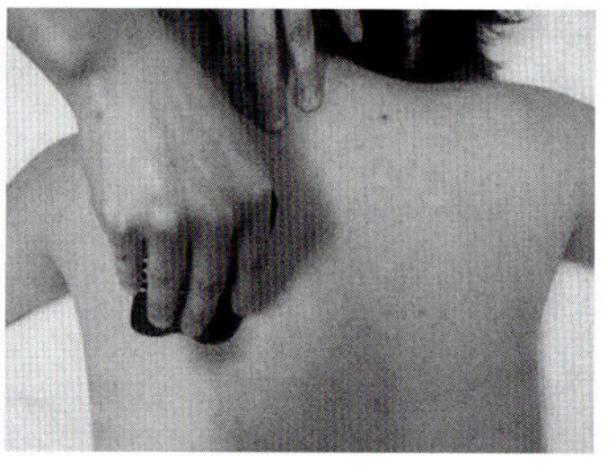

[그림 4-34] 각괄법

(3) 점안법(點眼法)

괄사반을 90도 각으로 골격이 없는 부위거나 복부 등 경혈을 작용한다. 지압과 같은 효과를 준다.

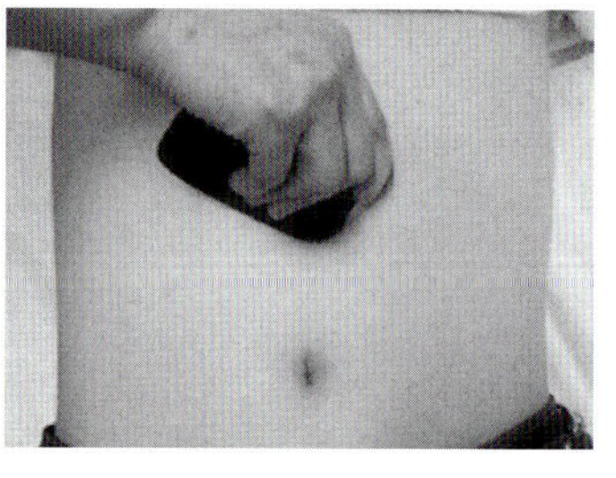

[그림 4-35] 점안법

(4) 안유법(按揉法)

괄사반을 20도 각으로 사선으로 피부 표면을 떠나지 않고 한 부위를 누르면서 문지른다. 합곡혈이나 족삼리혈에 효과적이다.

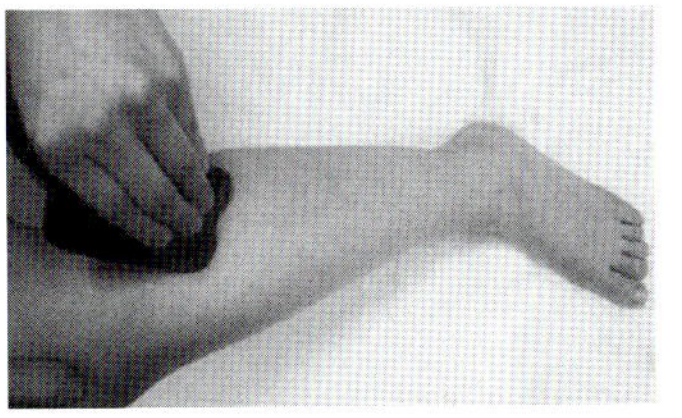

[그림 4-36] 안유법

(5) 입괄법(立刮法)

괄사반을 90도 각으로 피부를 떠나지 않고 누르면서 짧은 거리를 움직인다. 두통이 있을 경우 머리 부위에 효과적이다.

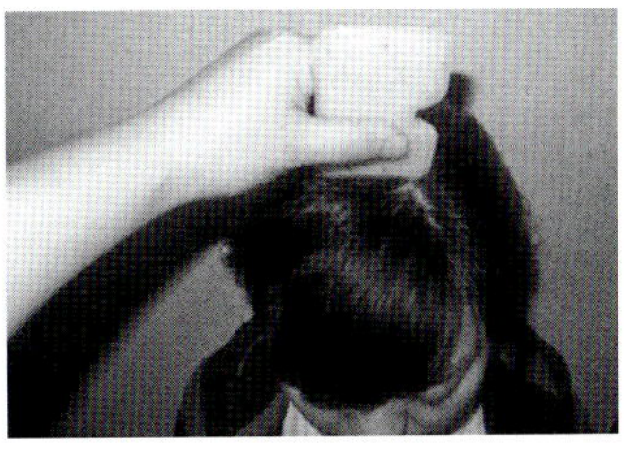

[그림 4-37] 입괄법

(6) 박타법(拍打法)

한손으로 관절 부위를 받들고 다른 손바닥으로 반복적으로 두드린다. 사지 관절에 동통이 있고 저린 감각이 있을 때, 팔의 관절과 슬와 관절(무릎 관절) 부위에 한다.

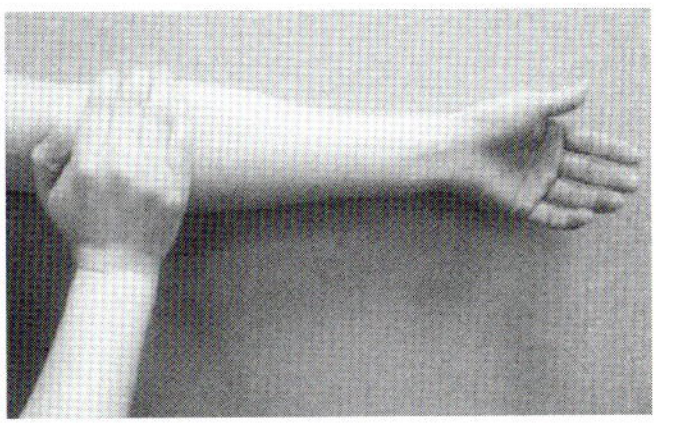

[그림 4-38] 박타법

(7) 경락의 기를 소통하는 방법

[그림 4-39]와 같이 괄사반 넓은 면으로 팔꿈치 관절부터 손끝까지, 무릎 관절부터 발끝까지 경락선로에 따라 길게 긁어내린다. 전체적인 경락을 조절하는 기능이 있어 전신의 피로 해소에 효과적이다.

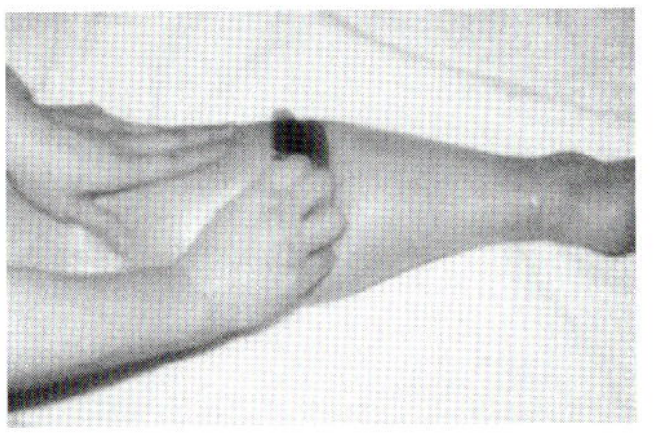

[그림 4-39] 경락의 기를 소통하는 방법

(8) 인당혈 괄사요법

괄사는 손으로 못 느끼는 피부 깊숙한 곳의 뭉침을 바로 느낄 수 있으며 병 부위에 직접적으로 응용이 가능하다. 예를 들면 두통

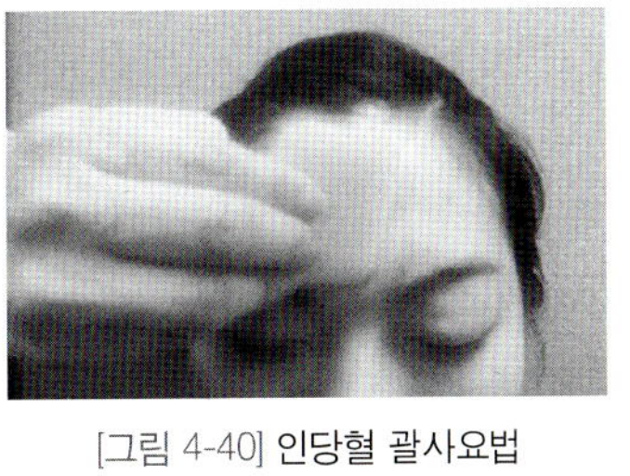

[그림 4-40] 인당혈 괄사요법

이 있는 환자인 경우 [그림 4-40]과 같이 인당혈을 짜주듯이 문지르면 두통이 완화된다.

4) 괄사요법 사용 시 주의할 점

- 괄사 치료 시 찬바람을 피하고 따뜻한 환경에서 한다.
- 한 가지 병을 위주로 치료하며, 시간은 30분 이내로 한다.
- 체질이 약하거나 노인은 사법을 사용하는 것은 주의하여야 한다.
- 괄사 후 체내 독소를 신속하게 배출하기 위해 따뜻한 물이나 차를 마신다.
- 피부의 염증, 출혈이 있을 때에는 금한다.
- 다리의 부종이나 하지정맥류 등이 있는 환자는 보법을 사용한다. 반드시 사지 끝으로부터 중심 부위로 긁어야 한다.
- 임산부나 생리 중에 하복부 괄사는 금한다.

5) 척추와 관계하는 내장 질환

척추	해당기관	질환
제1흉추	관상동맥(심장을 감싸고 있는 동맥)	노화
제2흉추	심근(심장을 감싸고 있는 근육)	심장판막, 한쪽 발목 염좌
제3흉추	폐, 기관지(호흡)	폐렴, 기관지염, 코감기
제4흉추	담낭	복부 부종, 피부 탄력 저하, 척추 측만
제5흉추	위	소화불량, 식곤증, 포만감, 공복감, 차려 자세에서 팔, 다리에 힘이 없음
제6흉추	십이지장	오른쪽 좌골신경통 유발
제7흉추	비장	임파장애, 혈액병, 피로, 인내력 부족, 기억력 감퇴
	췌장	등풍, 머리 피로, 요통, 몸각부의 통증
제8흉추	간장	간장증후군, 흉부 표면에 파란 정맥 보임

제9흉추	부신	부신증후군, 척추 굴신증, 소화불량, 하복부 팽창, 관절 변형
제10흉추	소장, 대장, 직장	흉골부, 늑골부 통증, 대퇴부 통증
제11흉추	신장	신부전증, 눈밑이 검고 깊음, 방광염, 혈압 상승
제12흉추		
제1요추	회맹부(맹장 위)	전신통증, 전두부 통증, 우측발 부종, 우견갑부, 우요부, 우둔부 하부 통증
제2요추	맹장	
제3요추	선	내분비선- 갑상성, 부신호르몬 등 외분비선- 타액선, 한선, 피지선 등
제4요추	대장, 결장	설사, 변비
제5요추	전립선, 자궁, 방광	생식기 질환, 신경 예민

6 임상 경락 관리

1) 여드름

여드름은 유전적인 원인이 가장 크며, 모낭과 피지선의 만성 염증으로 면포, 구진, 농포, 결절, 낭종 등이 얼굴과 목, 가슴, 등 부위에 나타나는 질환이다.

경락에서 여드름의 원인은 심경과 폐경의 열, 간과 담의 습열, 위장 및 대장의 장애, 여성의 생리 전후 및 생리불순이다.

원인	증상
심경 및 폐경	이마 및 오른쪽 볼 부위에 붉은 구진 발생
간담의 습열	왼쪽 볼 부위의 구진 및 트러블
위장 및 대장 장애	코 밑으로 입 주위와 턱 주위 여드름
생리	턱 부위 구진, 농포 등

개선 방법	차	지압혈	한방 팩
	율무, 당귀, 도인, 익모초, 쑥, 쇠비름, 치자, 결명자, 어성초	대추, 합곡, 곡지, 족삼리, 위중, 소상, 척택, 풍문, 백회, 양백, 권료	백부자, 당귀, 오미자, 유황, 백작약, 석고, 율무, 감초

(1) 입 부위의 여드름-위경의 장애와 간경의 기력 저하

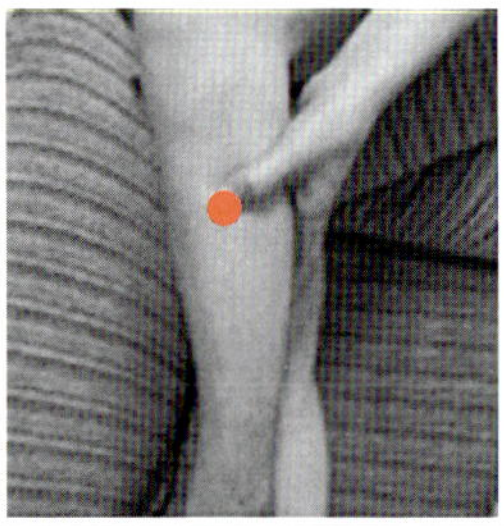

경락	위경(胃經)의 족삼리(足三里)
경혈	변비와 위와 장 등 소화기계 이상의 여드름이나 뾰루지에 효과적인 경혈이다.
지압 마사지	1회 2초간 10회 반복하여 엄지로 깊게 둥글리듯 눌러준다.

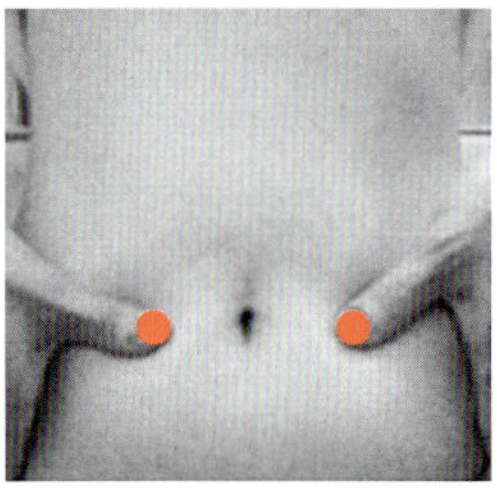

경락	위경(胃經)에 위치한 천추(天樞)
경혈	소화를 돕고 변비를 예방 및 치료하며 입 주위의 여드름에 효과적인 경혈이다.
지압 마사지	1회 3초간 10회 반복하여 엄지로 둥글리듯 깊게 눌러 주고, 사지로 배꼽 주위를 시계 방향으로 쓸어 준다.

(2) 턱 부위의 여드름

대장경의 기능 이상으로 인한 여드름과 난소장애나 생리 전후에 생기는 일시적 트러블이 있다.

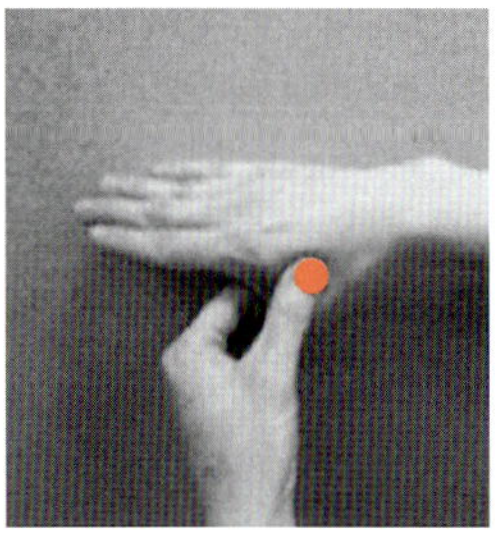

경락	대장경(大腸經)의 합곡(合谷)
경혈	합곡을 눌러 지압하면 풍사를 흩으며 습사를 제거함으로써 여드름을 개선시키는 작용을 한다.
지압 마사지	1회 3초 10회씩 엄지로 둥글리면서 깊게 아플 정도로 누르면서 마사지한다.

<table>
<tr><td rowspan="3">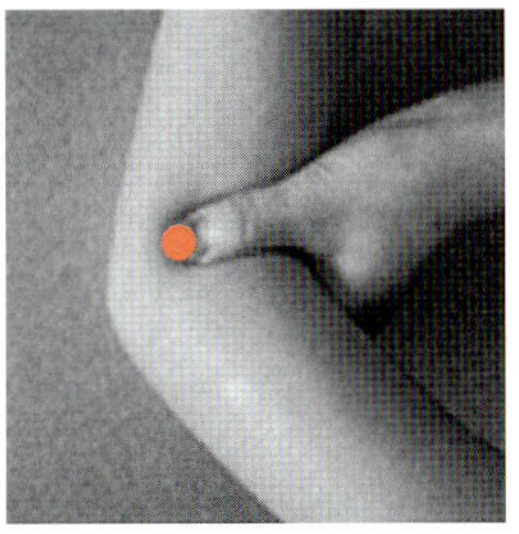</td><td>경락</td><td>대장경(大腸經)의 곡지(曲池)</td></tr>
<tr><td>경혈</td><td>턱, 입술 주위에 생긴 여드름과 뾰루지를 치료하며
경혈을 누르면 팔이 찡할 정도로 아프다.</td></tr>
<tr><td>지압 마사지</td><td>1회 1초간 30회 반복하여 엄지로 가볍게
둥글리듯이 눌러 준다.</td></tr>
</table>

2) 기미

기미는 자외선과 스트레스, 임신 등이 가장 큰 원인이며, 한의학 관점에서는 간기울혈 및 어혈, 정서울결 등에 의한 기혈의 순환장애로 안면에 흑반이 생긴다고 본다.

원인	증상
간기울혈	눈 밑 광대 부위와 턱 부위에 황갈색의 기미
어혈	안면 전체에 황갈색의 기미
임신반	여성호르몬인 에스트로겐에 의한 기미
자궁의 문제	턱 부위의 검은 기미
스트레스	광대 부위에 갈색 기미
위장장애	광대 부위와 눈 밑

개선 방법	차	지압혈	한방팩
	감초, 백강잠, 백봉령, 행인, 녹두	승읍, 사백, 영향, 권료, 합곡, 혈해, 삼음교, 족삼리, 태양, 곡지, 태충, 격유, 간유	백작약, 백복령, 당귀, 천궁, 녹두, 표고

(1) 광대뼈 주위의 기미

위장장애, 비만, 잘못된 식습관 등 위경의 장애와 산후허로(産後虛老) 등이 원인이다.

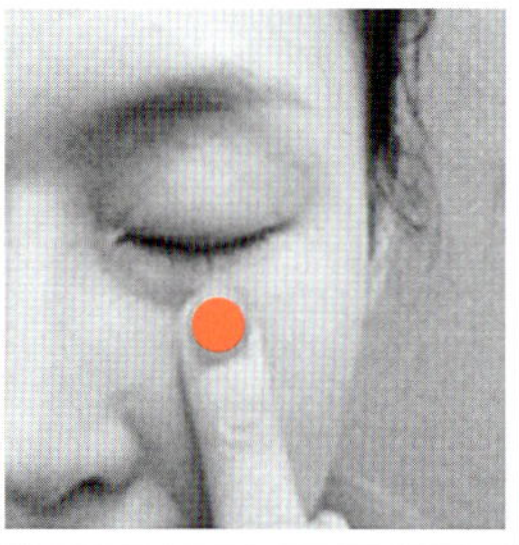

경락	위경(胃經)의 승읍(承泣)
경혈	안면신경마비, 삼차신경통, 눈과 볼 주위의 기미에 효과적인 경혈이다.
지압 마사지	1회 3초간 10회 반복하여 엄지로 둥글리듯 깊게 눌러 준다.

3) 눈 밑 다크서클

간과 신의 음기(陰氣)가 부족하거나 양기(陽氣)가 넘칠 때, 비위(脾胃)의 기가 허(虛)하여 담습(痰濕)이 발생하면, 얼굴과 눈가의 혈액순환 장애가 발생한다. 비와 위, 간, 신장을 보(保)하고 치료한다.

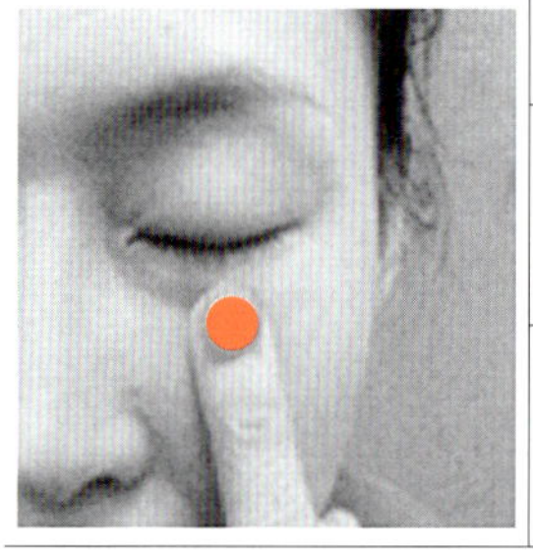

경락	위경(胃經)의 승읍(承泣), 사백(四白)
경혈	눈의 충혈, 눈에 예막(翳膜) 치료, 눈가의 칙칙함을 개선시키고, 노폐물 배출에 효과적인 경혈이다.
지압 마사지	1회 3초간 10회 반복하여 중지로 둥글리듯 눌러 준다.

4) 얼굴의 노화 및 주름

나이가 들어감에 따라 노화가 진행되며, 음양의 실조 및 장부의 실조로 인한 노화는 피부의 탄력 저하, 건조, 늘어짐 및 주름이다.

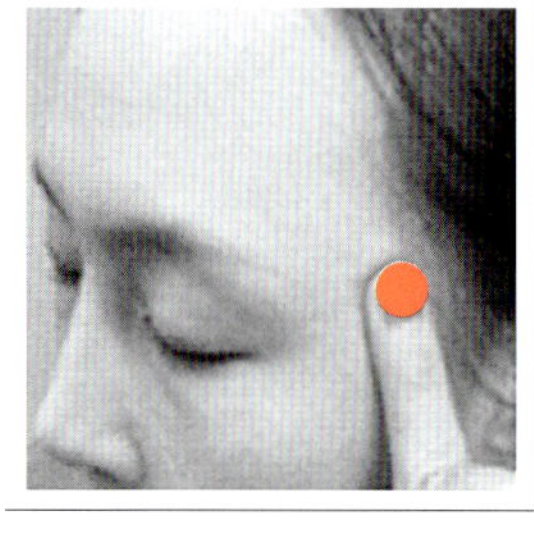

경락	경외기혈(經外氣穴) 태양(太陽)
경혈	두통, 어지러움, 삼차신경통, 시신경 위축 눈가 주위의 기미에 효과 있는 경혈이다.
지압 마사지	1회 3초간 10회 반복하여 엄지로 둥글리듯 깊게 눌러준 후, 머리털 난 방향으로 쓸어 준다.

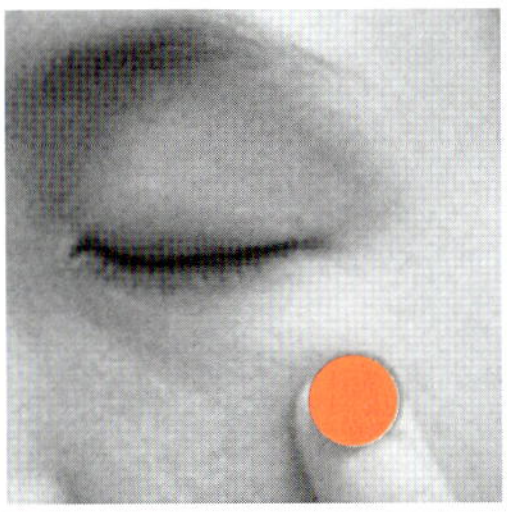

경락	경외기혈의 구후(球後)
경혈	눈이 붓거나 충혈되었을 때 효과적인 경혈이다.
지압 마사지	1회 3초간 20회 반복하여 중지로 둥글리듯 눌러준 후, 귀 방향으로 쓸어주듯 마사지한다.

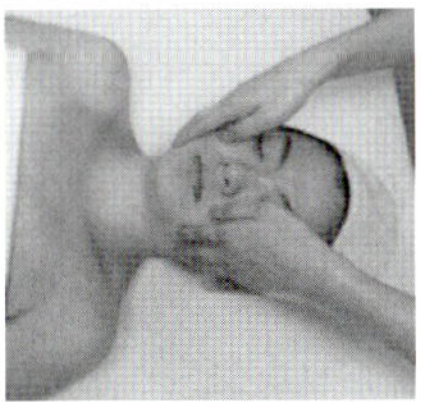	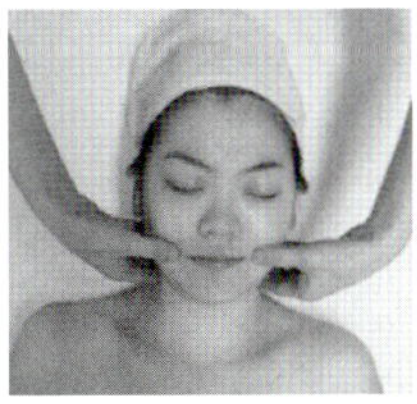	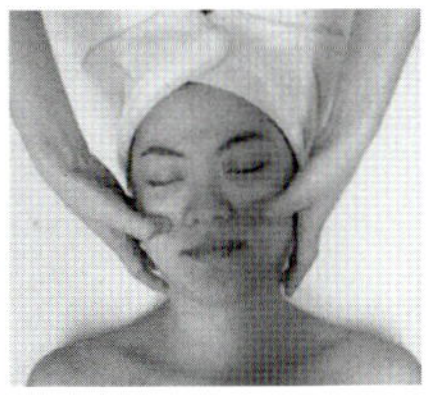	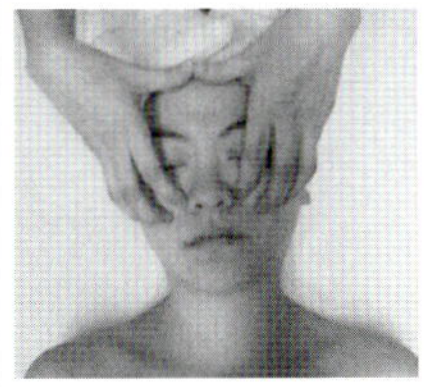
손가락으로 얼굴을 두드리거나, 손바닥을 비벼 열을 낸 후 부드럽게 쓰다듬는다.	위경의 지창혈을 무지압으로 지압하고 돌려주듯이 마사지한다.	엄지로 눈 밑 부위를 지압하고, 노폐물을 배출하듯 머리털 방향으로 마사지한다.	광대뼈를 사지로 지압하고 리프팅 시키듯이 끌어올려 준 후 귀 방향으로 빼주듯 마사지한다.

(1) 이마

오행으로 볼 때, 이마는 심장이 주관하는 곳으로 마음을 편안히 하면 아름다운 이마를 만들 수 있다.

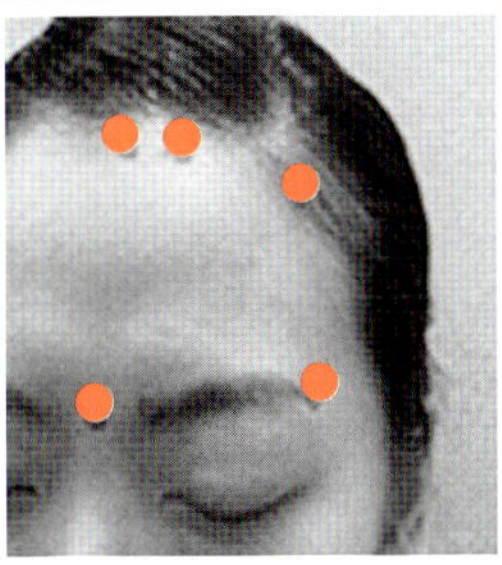

경락	삼초경(三焦經), 독맥(督脈), 방광경(膀胱經), 위경(經)
경혈	무지를 이용하여 인당, 찬죽, 사죽공, 신정, 곡차, 두유 경혈을 지긋이 3초간 여러 번 안법으로 지압
지압 마사지	눈썹에서 머리털 난 곳으로 끌어올리듯 마사지하고, 바닥을 비벼 열을 낸 후 이마를 가로와 세로로 쓸어 준다.

(2) 입

팔자 주름은 나이가 더 들어 보이므로 예방하는 것이 중요하다.

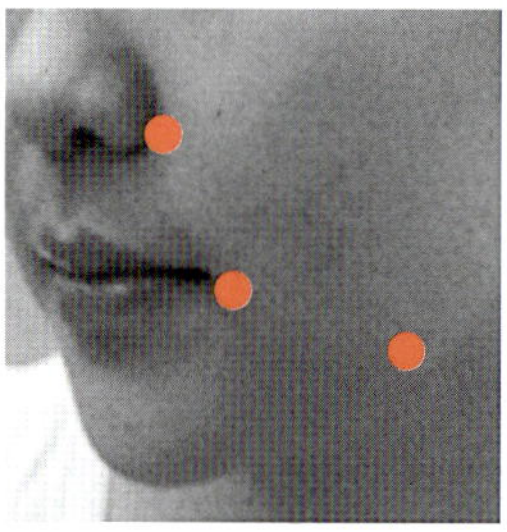	경락	간경(肝經), 심경(心經), 비경(脾經), 대장경(大腸經), 위경(胃經)
	경혈	무지를 이용하여 영향, 지창, 대영 경혈을 3초씩 여러 번 지압
	지압 마사지	대영에서 지창 영향까지 무지로 끌어올리듯 마사지한 후 입꼬리를 튕겨 올리는 동작을 여러 번 한다.

5) 얼굴 축소 관리

(1) 광대뼈 축소 관리

경락과 경혈	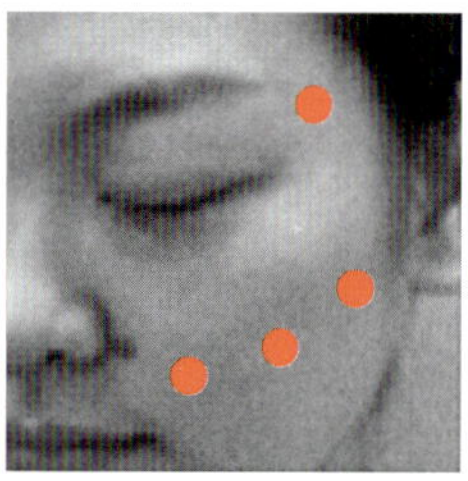	대장경(大腸經)의 영향(迎香) 위경(胃經)의 거료(巨髎), 하관(下關) 삼초경(三焦經)의 이문(耳門) 소장경(小腸經)의 청궁(聽宮) 담경(膽經)의 상관(上關) 임맥(任脈) - 승장(承漿), 염천(廉泉) 위경(胃經) - 인영(人迎), 대영(地倉), 협거(頰車) 삼초경(三焦經) - 천유(天牖) 소장경(小腸經) - 천용(天容)
지압	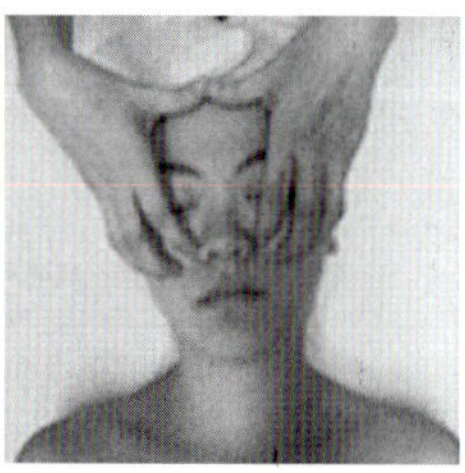	엄지나 사지를 이용하여 영향, 거료, 권료, 하관, 상관, 이문, 청궁 경혈을 지긋이 3초간 여러 번 지압
경락 마사지	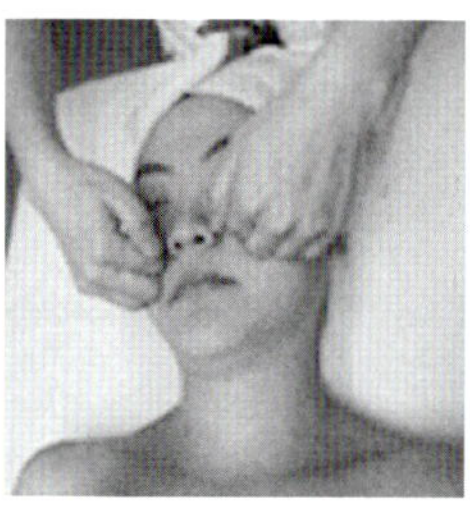	① 무지압 마사지: 엄지와 사지를 이용하여 코 옆 영향혈에서 귀 방향 하관혈까지 무지로 밀어준다. ② 가로 권압 마사지: 주먹을 가볍게 쥐고 영향, 거료, 권료, 하관을 안쪽에서 바깥쪽으로 밀어주듯이 옆으로 마사지한다. ③ 세로 권압 마사지: 주먹을 가볍게 쥐고 하관,상관, 이문, 청궁을 위아래로 둥글리듯 마사지한다.

(2) 턱 축소 관리

경락과 경혈	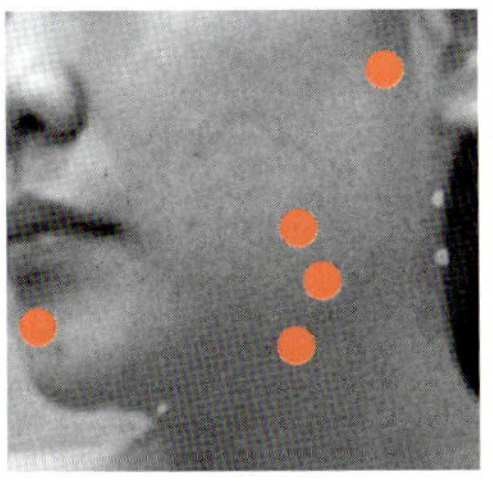	임맥(任脈) - 승장(承漿), 염천(廉泉) 위경(胃經) - 인영(人迎), 대영(地倉), 협거(頰車) 삼초경(三焦經) - 천유(天牖) 소장경(小腸經) - 천용(天容)
지압	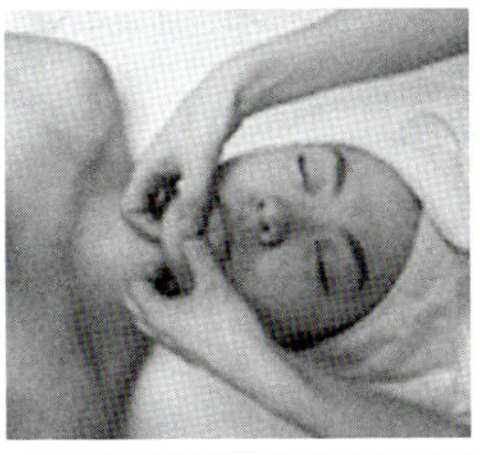	엄지와 사지를 이용하여 턱을 잡아 승장과 염천, 대영과 인영 경혈을 지긋이 3초간 여러 번 지압한다.
경락 마사지	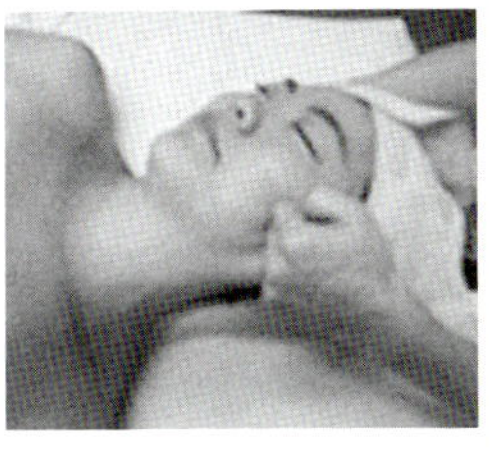	① 무지압 마사지: 엄지와 사지로 턱 밑의 승장, 염천혈에서 귀 방향 예풍혈까지 무지로 밀어준다. ② 가로 권압 마사지: 주먹을 가볍게 쥐고 턱 밑의 염천, 인영혈에서 예풍혈까지 안쪽에서 바깥쪽으로 밀어주듯이 마사지한다. ③ 세로 권압 마사지: 주먹을 가볍게 쥐고 승장에서 귀 앞의 청회혈까지 권압으로 밀어주듯이 마사지한다.

6) 비만

(1) 하지 비만

비와 위의 이상으로 허벅지 부위가 비대해지며 서혜부 부위에 셀룰라이트가 정체되어 단단하며 작은 자극에도 통증을 느낀다. 또한, 무릎 안쪽의 혈해(血海)혈을 중심으로 단단하게 뭉치며, 관절의 통증을 유발하기도 한다.

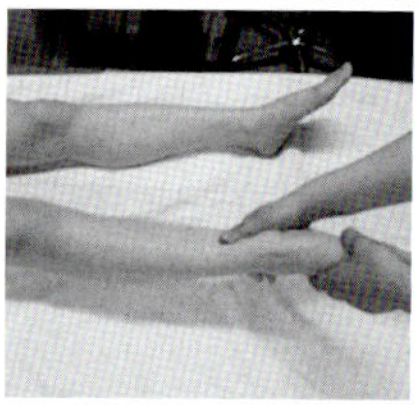	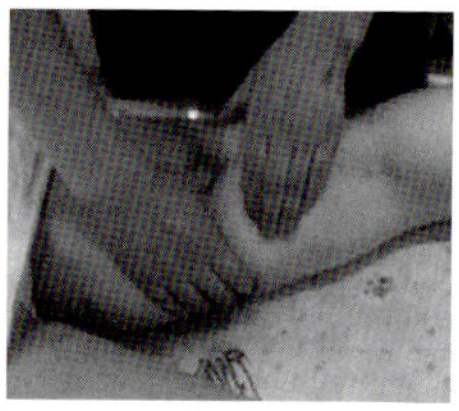	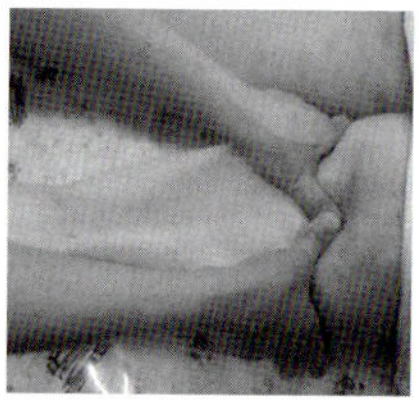	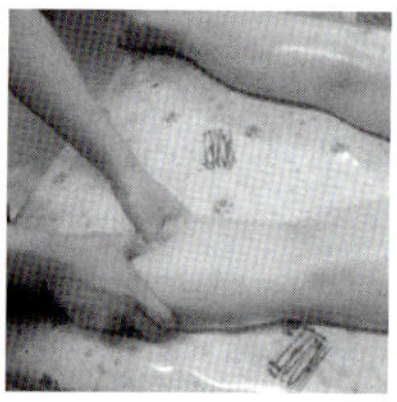
다리는 전체적으로 쓰다듬어 주고, 비경의 경혈을 짚어 가며 마사지한다.	비경의 혈해혈과 허벅지 안쪽을 반죽하듯이 교대로 엇갈리게 비틀어 주며 셀룰라이트를 풀어 준다.	하지 비만에 효과적인 방광경의 승부, 은문, 위중혈을 무지압하면서 마사지한다.	하지 비만에 효과적인 방광경의 승근, 승산혈을 자극하여 종아리의 뭉침을 풀어 준다.

(2) 복부 비만

비위가 건강하지 못하여 복부 부위가 순환되지 못하고 정체가 반복되면 배꼽 부위가 위축되면서 상복부와 하복부가 나오게 되어 복부 비만을 가져온다.

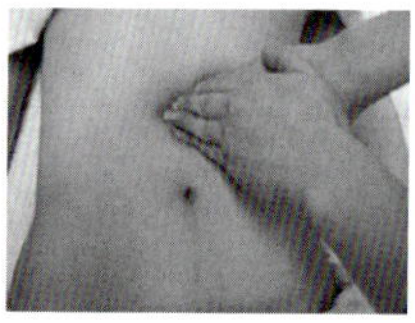	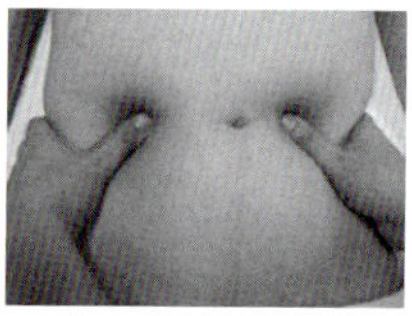	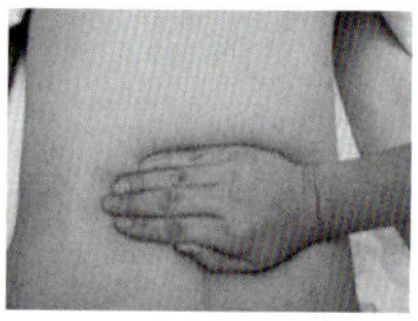	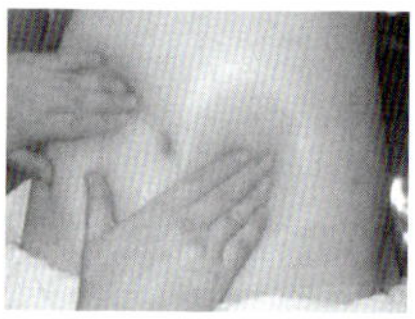
사지압을 이용하여 배꼽 주위를 돌려주며 지압 마사지한다.	위경의 천추혈을 무지압으로 지압한다.	배꼽 주위를 손바닥을 비벼 열을 낸 후 문지르며 마사지한다.	손바닥과 사지를 이용하여 배꼽 주변을 시계 방향으로 돌려 주며 마사지한다.

(3) 등

심폐, 간담 및 비위의 기 울혈로 견갑골의 양 밑 부위 옆구리에 살이 찌게 되고 등이 소복하게 올라오게 된다.

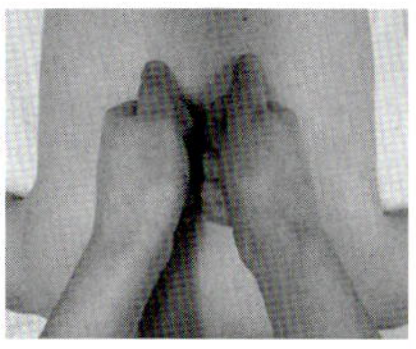	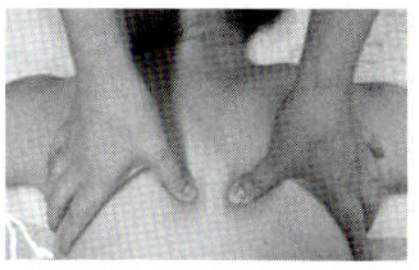	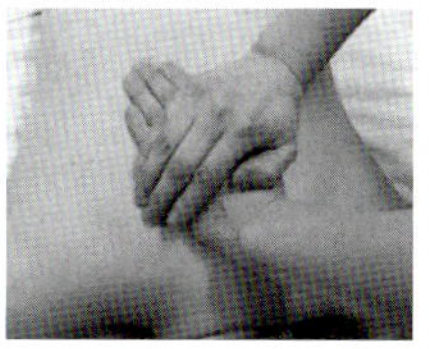	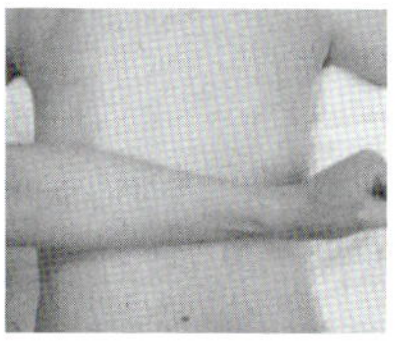
방광경의 폐유, 심유를 권압으로 지압하며 마사지한다.	무지압으로 방광경의 격유, 간유, 비유, 위유를 지압하며 마사지한다.	장압으로 폐유, 심유, 격유, 간유, 비유, 위유, 신유를 돌려가며 내려간다.	팔 부위를 이용하여 비유, 위유혈을 문지르며 마찰한다.

7) 얼굴 및 전신의 미용을 위한 경락 마사지

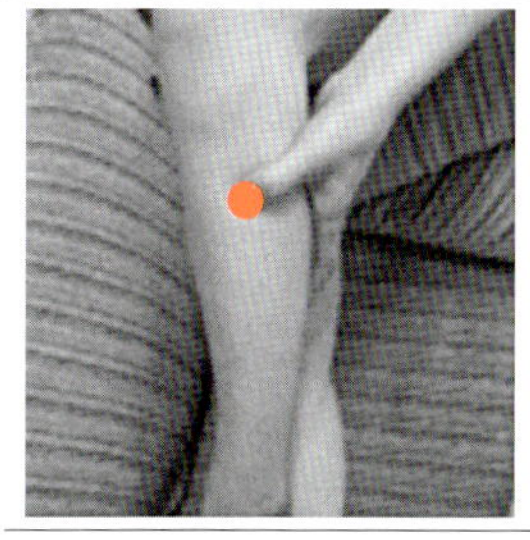	경락	위경(胃經)에 위치한 족삼리(足三里)
	경혈	비장과 위, 장 등 소화기계 이상에 효과적이며 경락의 흐름을 원활하게 한다.
	지압 마사지	1회 2초간 10회 반복하여 엄지로 깊게 둥글리듯 눌러 준다.
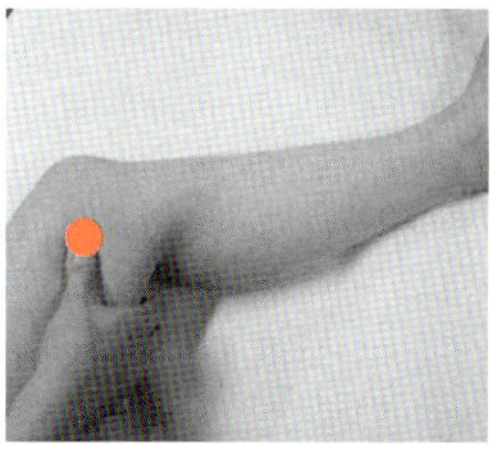	경락	비경(脾經)의 혈해(血海)
	경혈	비의 담습을 제거하고, 허벅지 부종 및 비만 해소에 효과적이다.
	지압 마사지	1회 3초간 10회 반복하여 엄지로 둥글리듯 깊게 눌러 준다.
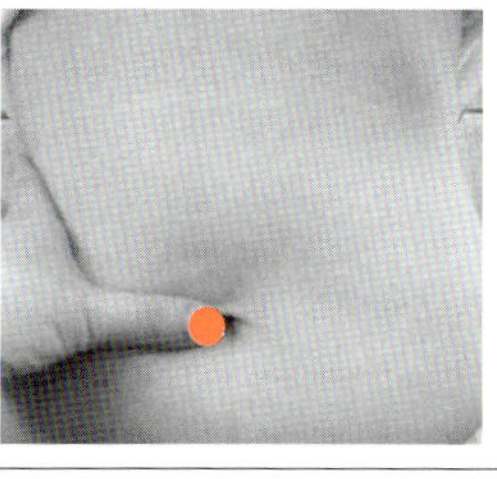	경락	임맥(任脈)에 위치한 신궐(神闕)
	경혈	소화 기능을 높이는데 효과적인 경혈이다.
	지압 마사지	1회 3초간 10회 반복하여 엄지로 둥글리듯 깊게 눌러 준다.

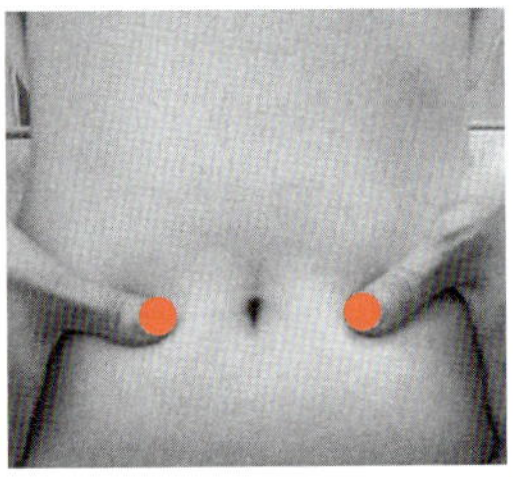	경락	위경(胃經)의 천추(天樞)
	경혈	변비를 예방하고 장을 따뜻하게 하여 소화 기능을 높인다.
	지압 마사지	1회 3초간 10회 반복하여 엄지로 둥글리듯 깊게 눌러 주고, 사지로 배꼽 주위를 시계 방향으로 쓸어 준다.
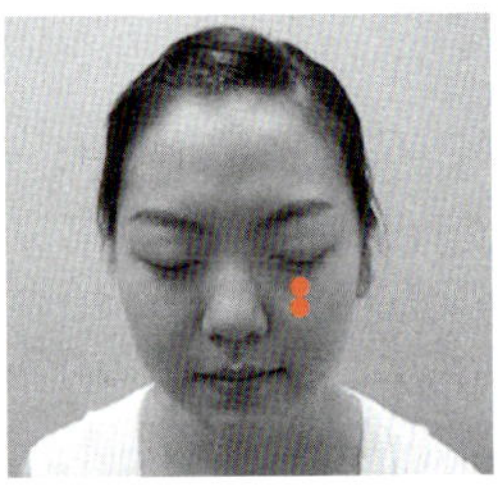	경락	위경(胃經)의 승읍(承泣), 사백
	경혈	안면신경마비, 삼차신경통, 얼굴의 혈색 정화에 효과적인 경혈이다.
	지압 마사지	1회 3초간 10회 반복하여 엄지로 둥글리듯 깊게 눌러 준다.
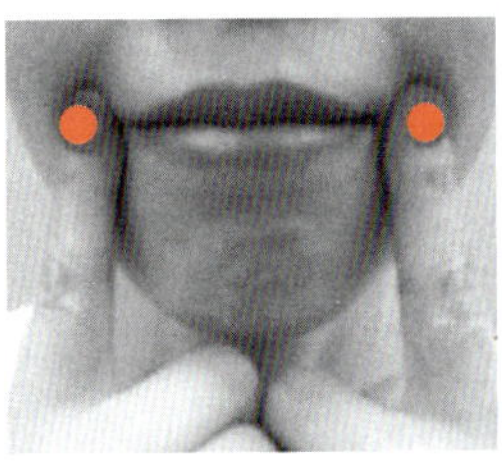	경락	위경(胃經)의 지창(地倉)
	경혈	눈이나 입 주위의 피부가 까칠하고 트러블이 생겼을 때 지압하면 효과적이다.
	지압 마사지	1회 3초간 5회 반복하여 중지로 가볍게 둥글리면서 눌러 준다.
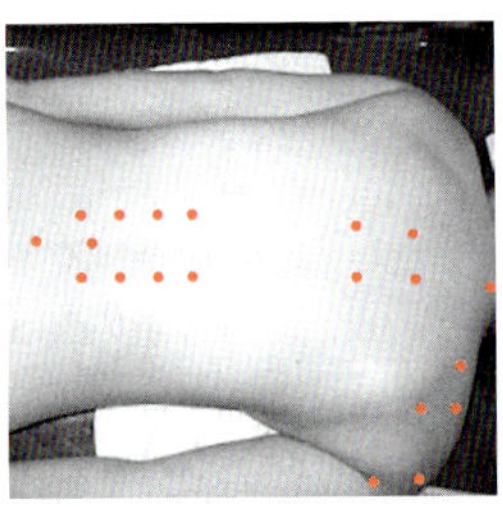	경락	방광경(膀胱經)의 폐유(肺兪), 심유(心兪), 간유(肝兪), 비유(脾兪), 위유(胃兪)
	경혈	오장의 배수혈로 체질을 강화하고 장을 튼튼하게 한다.
	지압 마사지	엄지의 무지로 1회 3초씩 여러 번 반복하여 엄지로 둥글리듯 깊게 눌러 준다.

7 사상체질

사람은 저마다 다른 체질을 가지고 있다. 예를 들면 감기가 걸렸을 때, 어떤 체질은 추워서 덜덜 떨고, 소화가 안 되며, 땀만 흘리는가 하면, 어떤 체질은 온몸이 다 아프고, 기침과 가래가 심하지만 땀은 전혀 안 흘리며, 어떤 체질은 가슴이 답답하고 입만 마르기도 하는 등 저마다 증상의 차이가 있는 것을 볼 수 있다. 인간은 천부적으로 타고나 오장육부의 허실이 있고, 사람마다 체질이 다른 만큼, 각기 체질에 맞는 운동이나 습관, 음식을 섭취하는 것은 매우 중요한 일이다.

사상의학에서는 인류가 체질에 따라 다양한 체형, 성격, 취미, 특성, 생활습성 등을 가지고 있어 같은 병에 걸린 사람이라도 개인의 체질에 맞는 약물과 음식물을 섭취함으로써 질병을 호전시켜, 육체적 · 정신적으로 건강해질 수 있다는 것을 강조하고, 이를 체질 식이에 적용하고자 하는 활발한 연구가 진행되어 왔다. 사상체질(四象體質)은 태양인(太陽人), 소양인(少陽人), 태음인(太陰人), 소음인(少陰人)으로 분류한다.

1) 사상체질별 특성

사상의학(四象醫學)은 동무(東武) 이제마(李濟馬)가 1894년 『동의수세보원』을 저술하여 체질 유형을 태양인, 태음인, 소양인, 소음인으로 나누고 각 유형의 신체적 · 정신적 · 사회적인 특성과 질병의 진다 및 치료 양생법을 밝힌 학문이다. 사상인의 감별은 『동의수세보원 · 사상인 변증론』에서 저술한 사상인의 체형기상, 성질, 재간, 심성, 성격, 생리적 체질병증과 병리적 체질 병증에 대한 기술을 근거로 하고 있다.

체질론은 서양과 동양 모두에서 발생되었으나 서양의학 이론은 상당히 뛰어나고 발달되어 있음에도 불구하고 체질론에 대해서만큼은 하나의 단순한 구분만 해 놓았을 뿐이다. 서양의 체질 이론은 임상적인 데이터가 없는 관찰이라

피상적이나, 동양의 체질 이론, 특히 우리나라의 사상체질론은 철저한 사상철학이 근저에 깔려 있고 사상의학으로 임상학적인 적용이 된다. 체질에 따른 기질과 장부, 음식, 체형 등 구체적이고 실증적이다.

『동의수세보원(東醫壽世保元)』에 기재된 사상체질의 분포 양상은 우리나라 전체 인구의 약 48%가 태음인, 약 30%가 소양인, 약 20%가 소음인, 그리고 약 1% 미만이 태양인으로 구성되어 있다고 기록하고 있다.

(1) 태양인

태양인의 외모는 기운이 위로 오르는 작용이 강해, 상실하허(上實下虛)하여 목덜미가 굵고 두툼하며, 허리가 가늘고 다리가 약하다. 인성은 반듯하고 활발해 보이며, 용모는 광대뼈가 나오고 이마가 넓은 사람이 많다. 여자의 경우 체격이 크고 이목구비가 시원스러워 품위가 있어 보이고, 남자의 경우 다소 무서운 인상을 지닌 경우가 많다.

태양인의 성격은 적극적인 인간관계를 유지하고 사교적이나 조급성이 있다. 남에게 지기 싫어하며 지도자 타입이다.

태양인은 폐대간소(肺大肝小)로 폐의 기능이 강하고 간장의 기능이 약하다. 태양인은 에너지 소모 배설의 기능이 강하고 소화, 흡수 기능은 약해, 정상 체형이거나 마르기 쉬운 체질이지만, 기운이 위로 오르는 작용이 강해 상체 비만이 올 수 있다.

태양인은 5% 정도로 비교적 희소하다. 이제마 선생의 저서에는 1만 명당 4~5명 정도라고 기술되어 있다.

(2) 소양인

소양인의 외모는 상실하허(上實下虛)하여 가슴이 발달하고 엉덩이가 좁고 빈약하여 걸음걸이가 불안하지만 경쾌한 느낌을 준다. 얼굴은 앞과 뒤가 나오고 하관이 뾰족하며 눈이 둥글어 동안인 경우가 많다. 피부는 흰 편이나 윤기가 적다.

소양인은 굳세고 강인한 성격과 추진하는 일에 능한 재간이 있다. 강하고 적극적이어서 어려워하는 일이 없다. 민첩하고 시원시원하며 순발력과 재치가 뛰어나지만 끝마무리가 엉성한 편이다.

소양인은 비대신소(脾大腎小)로 비위(脾胃) 기능, 즉 소화 기능이 발달하고 신장이 약한 체질로 에너지 흡수 축적의 기능은 강하고 소모 배설의 기능은 약하다. 그러므로 활동량이 많아도 비만이 될 확률이 높은 편이며, 주로 상체 비만(어깨, 팔)이 많은 편이다. 소화 기능이 좋아 아무거나 잘 먹는 폭식형이다. 비교적 성격이 급해서 주변 환경이 억압되어 있는 것을 참지 못하고 스트레스가 쌓이면 폭식으로 이어져 스트레스성 비만인 경우가 많다.

(3) 태음인

태음인의 외모는 하실상허(下實上虛)로 키가 큰 사람이 많고, 복부와 하체가 상체에 비해 비만하거나 튼실하다. 얼굴은 각지고 근육형이며 머리가 체격에 비해 상대적으로 작아 보인다.

태음인의 성격은 꾸준하고 침착하며, 일관성이 있어 외부와 타협하지 않는다. 반대로 겁과 조심성이 많고, 변화를 싫어하여 어떤 일을 시작도 하기전에 두려움이 앞서 일을 추진하지 못한다.

태음인의 특징은 간대폐소(肝大肺小)로 간의 기능이 좋고 폐, 심장, 대장, 피부의 기능이 약하다. 에너지 흡수 축적 기능은 강하고, 소모 배설의 기능은 약하여 비만하기 쉬운 체질로 복부 비만의 형태가 많다. 태음인은 대식가가 많으며 더운 음식과 육류를 좋아하고 폭음, 폭식을 자주하여 비만해 지는 경우가 많다.

태음인은 배설 기능이 약하여 쉽게 비만해지므로 성인병의 발생률이 높다. 땀을 흘릴 수 있는 정도의 운동을 하여 에너지를 발산하여야 한다.

(4) 소음인

소음인의 외모는 하실상허(下實上虛)로 엉덩이가 크고, 가슴이 빈약하며,

근육이 없는 체격이라 마르고 약해 보인다. 얼굴은 타원형으로 미남 미녀가 많다. 피부는 비교적 희고 부드러우며 눈썹이 가늘고 눈썹과의 사이가 좁은 경우가 흔하다.

소음인의 성격은 사색적이고 매사에 치밀하며 착실하다. 판단력이 빠르고 머리가 총명하며 예의가 바르다. 세심하고 내성적이며, 사람들을 의외로 경계하여 늘 가까운 사람들하고만 어울리려 한다.

소음인의 특징은 신대비소(腎大脾小)로 신장의 기능이 좋고 비위의 기능이 약하다. 또한, 신경이 예민해 소화장애에 걸리기 쉽고 살이 잘 찌지 않는 편이나 소화계통의 경락에서 기의 흐름이 약해 혈액순환 장애로 인해 하체 비만이 될 수 있으며, 특히 엉덩이, 허벅지에 셀룰라이트가 많다. 또한, 수분대사가 잘 이루어지지 않아 부종으로 인한 하체 비만이 될 수 있다.

2) 체질에 따른 식이요법

음식은 약물보다 기(氣)의 편향이 적어서 인체에 민감하지 않으며 체질에 따라 유리한 음식과 불리한 음식이 분명히 있다. 체질에 맞는 음식은 최상의 보약이 되지만, 체질과 맞지 않는 음식은 인체에 독이 되어 건강을 해칠 수 있다. 체질별로 음식을 구별하면, 그 음식을 섭취함으로써 과대한 장기(臟器)는 기능이 억제되고 과소한 장기는 기능을 보완 받아 불균형이 조정된다. 또 양인은 음성 경향으로 유도되고 음인은 양성 경향으로 유도되어 조화를 이룰 수 있게 한다. 체질별로 적합한 곡물, 육류, 해물(해조류 포함), 채소, 과일, 음료 등은 다음과 같다.

(1) 태양인

태양인은 담백한 음식이 간(肝)을 보(補)하며, 부족한 음(陰)을 생하는 음식으로는 육류보다 해물류나 채소류가 좋다. 육류는 포화지방 함량이 높고 소화, 흡수, 배출 등 전반적으로 나쁜 영향을 미치므로 피해야 한다. 또한, 맵고 뜨거운 음식은 피한다.

태음인에 맞는 음식은 가급적 삼가고, 영양의 균형과 면역력을 위해 소양인, 소음인에게 맞는 음식을 같이 섭취한다.

[표 4-1] 태양인의 식이요법

식이요법에 도움이 되는 음식	곡류: 메밀, 냉면 / 육류: 가급적 피한다. 해물: 새우, 굴, 전복, 소라, 조개류, 게, 해삼, 붕어 재소: 순채나물, 솔잎, 고사리 과일: 포도, 머루, 다래, 감, 앵두, 모과, 송홧가루 음료: 모과차, 감잎차, 오가피차, 솔잎차, 매실차
식이요법 시 금기 식품	육류: 소고기, 닭고기, 돼지고기, 개고기, 염소고기 해물: 미꾸라지, 멍게, 해삼, 파래, 톳, 김 채소: 무우, 미나리, 감자, 파, 연근, 두릅, 열무, 송이, 느타리, 죽순, 갓, 달래, 파슬리, 양파, 고추, 쑥, 토마토 과일: 레몬, 홍옥사과, 수박 음료: 우유, 인삼차, 칡차, 대추차, 꿀차, 홍차

(2) 소양인

비위(脾胃)에 열이 많은 체질이기 때문에 열성 음식은 피하고, 몸 안의 열을 식혀주고 이뇨작용을 도와주는 음식이 좋다. 싱싱하고 찬 음식이나 소채류, 해물류가 좋으며, 음허(陰虛)하므로 음의 기운이 있는 음식이 좋다. 대변 상태가 곧 건강 상태이므로 평소 섬유질이 풍부한 음식을 많이 섭취하는 것이 좋다.

소음인에게 맞는 음식은 가급적 삼가고, 영양의 균형과 면역력을 위해 태양인, 태음인에게 맞는 음식을 같이 섭취한다.

(3) 태음인

일반적으로 체구가 크고 위장 기능이 좋은 편이어서 동식물성 단백질이나 칼로리가 높고 맛이 중후한 식품을 좋아한다. 성격상 폭음 폭식하는 경우가 많아 복부 내 지방 과잉 축적으로 비만이 될 수 있으므로 주의해야 한다. 태음인은 땀이 나야 건강한 체질이므로 발한제 역할의 음식이 좋고, 아주 뜨겁지도 차갑지도 않은 성질의 음식, 폐와 호흡기를 보하는 음식, 대변을 원활하게 해 줄 음식이 필요하다.

태양인에게 맞는 음식은 삼가고, 영양의 균형과 면역을 위해 소양인과 소음인에게 맞는 음식을 같이 섭취한다.

[표 4-2] 소양인의 식이요법

구분	음식
식이요법에 도움이 되는 음식	곡류: 보리, 팥, 녹두, 검은콩, 들깨, 검은깨, 메밀, 콩으로 만든 음식 육류: 돼지고기, 거위, 오리, 달걀 해물: 생굴, 조개, 해삼, 전복, 게, 가재, 복어, 자라, 가자미, 가물치, 홍어, 잉어, 다시마, 미역 과일: 참외, 딸기, 수박, 바나나, 파인애플, 복숭아, 멜론, 배, 포도, 자두 채소: 배추, 무우, 오이, 상치, 우엉, 가지, 토마토, 호박, 미나리, 쑥, 파 음료: 녹차, 매실차, 둥글레, 결명자, 솔잎차, 맥주
식이요법 시 금기 식품	곡류: 찹쌀, 차조, 팥, 밀가루, 현미, 옥수수, 은행 육류: 닭고기, 개고기, 염소고기, 소고기, 소간, 소내장 해물: 메기, 멍게, 조기, 미꾸라지, 전어, 파래 채소: 고추, 양파, 갓, 부추, 마늘, 생강, 후추, 겨자, 고사리, 도라지, 당근, 냉이, 쑥갓, 양파, 다래, 치커리, 파슬리, 마, 취나물, 피망, 민들레, 팽이버섯, 토마토 과일: 석류, 모과, 홍옥사과, 오렌지, 귤 음료: 인삼차, 꿀차, 칡차, 대추차, 커피, 식초, 우유, 요구르트

[표 4-3] 태음인의 식이요법

구분	음식
식이요법에 도움이 되는 음식	곡류: 율무, 현미, 콩(두부), 고구마, 옥수수, 수수, 찹쌀, 참깨 육류: 소고기, 치즈, 개고기 채소: 당근, 무우, 도라지, 더덕, 연근, 달래, 호박, 갓, 파, 고추, 부추, 고사리, 토란, 표고버섯, 마, 시금치, 아욱, 우엉 과일: 밤, 잣, 호두, 은행, 매실, 살구, 자두, 사과, 레몬, 석류 해물: 광어, 꽁치, 대구, 멍게, 해삼, 메기, 멸치, 톳, 파래, 다시마, 김, 갈치, 참치, 고등어, 새우, 복어, 장어, 홍어, 해파리, 아구 음료: 율무차, 칡차, 오미자차, 녹용, 웅담, 식초, 막걸리, 우유, 요구르트

식이요법 시 금기 식품	곡류: 팥, 동부, 메밀, 흑태, 녹두, 유색 강낭콩, 호밀 육류: 돼지고기, 닭고기, 달팽이 어류: 청어, 정어리, 생굴, 홍합, 게, 우렁이, 바지락, 소라, 재첩 채소: 돌나물, 양배추, 상추, 생강, 숙주, 가지, 우엉, 토란, 근대, 숙주, 케일, 깻잎 과일: 수박, 앵두, 포도, 참외, 배, 멜론, 감, 바나나, 다래, 파인애플 음료: 구기자, 인삼차, 꿀차, 홍차, 녹차, 알로에, 결명자, 구기자

(4) 소음인

소화기의 기능이 약하고 냉한 체질이므로 소화하기 쉬운 음식과 자극성 있는 조미료나 따뜻한 음식이 좋다. 땀을 많이 흘리면 원기가 저하되므로 발한 음식은 피해야 하고, 대변이 묽어지면 조심해야 할 체질이므로 찬 음식과 날 음식은 피한다.

소양인에게 맞는 음식은 가급적 삼가고, 영양의 균형과 면역력을 위해 태양인, 태음인에게 맞는 음식을 같이 섭취한다.

[표 4-4] 소음인의 식이요법

식이요법에 도움이 되는 음식	곡류: 쌀, 현미, 차조, 조, 찹쌀, 흰콩, 강낭콩, 완두콩, 호두 육류: 닭고기, 칠면조, 염소고기, 개고기, 소고기, 꿩, 양고기, 염소고기 해물: 가자미, 광어, 병어, 명태, 도미, 조기, 멸치, 민어, 미꾸라지, 메기, 이면수, 잉어, 우럭 채소: 호박, 당근, 시금치, 양배추, 파, 마늘, 생강, 고추, 감자, 부추, 쑥 과일: 자몽, 사과, 귤, 토마토, 복숭아, 대추, 앵두, 살구, 오렌지 음료: 계피차, 인삼차, 꿀차, 코코아, 생강차, 두충차 등
식이요법 시 금기 식품	곡류: 팥, 밀, 메밀, 보리, 녹두, 수수, 참깨 육류: 돼지고기, 토끼고기, 오리 해물: 낙지, 오징어, 조개류, 굴, 게 채소: 머위대, 고구마, 아욱, 가지, 콩나물, 오이, 열무, 깻잎, 더덕, 도라지, 죽순, 숙주, 우엉, 버섯 과일: 감, 딸기, 자두, 매실, 바나나, 참외, 멜론, 다래, 파인애플, 유자 음료: 유자차, 두유, 우유, 녹차, 알로에, 결명자차, 맥주

3) 체질에 따른 운동 요법

한의학에서는 사람의 체질에 따른 독특한 신체적 · 생리적 · 심리적 및 병리적 체계와 이를 이용한 약물의 선택과 성정(性情)의 조절을 통하여 정신과 육체의 조화를 이루는 사상의학 이론이 있는데, 이에 의하면 체질 구분은 각 개인의 체격과 체력, 그리고 신체 조성에 따라 운동을 선택과 보완을 체계화 할 수 있다고 한다. 대체로 소양인과 태양인은 어떤 운동을 하더라도 하체를 단련할 수 있는 운동을 함께하는 것이 좋고, 태음인은 땀을 낼 수 있는 운동이 좋으며, 소음인은 웨이트 트레이닝이나 장시간 체력을 소모하는 운동보다 요가와 같이 가볍과 하중이 적은 운동이 효과적이다. 태음인은 유산소 운동, 소양인은 근력 운동과 근지구력 운동, 소음인은 저강도의 근력 운동과 저강도의 유산소 운동을 꾸준히 수행하는 것이 부족한 체질적 요소를 보완할 수 있는 운동 방법이다.

(1) 태양인

태양인은 기운이 위로 오르는 작용이 강해 상체 비만이 올 수 있으므로 상체를 많이 움직일 수 있는 운동이 좋으며, 허리가 가늘고 다리가 약하므로 하체를 단련할 수 있는 운동을 함께 하는 것이 효과적이다.

태양인은 아침에 기운이 넘치고 저녁에 기가 약해지는 경향이 있으므로 아침 시간, 특히 식사 전에 운동을 하는 것이 좋으며 저녁에는 휴식이 취하는 것이 좋다.

① 태양인의 전신 및 상체 비만에 효과적인 운동요법

태양인은 스트레스와 감정 조절에 신경을 써야 하므로 성격상 가장 잘 맞는 운동은 요가나 단전호흡, 기공과 같은 에너지 소모량이 적은 운동이다.

전신을 움직일 수 있는 가볍게 걷기 운동이 가장 좋으며, 다음으로는 전신을 움직이지만 땀이 나지 않고 하체에 무리가 가지 않는 수영이 좋다,

② 태양인의 하체를 단련하는데 효과적인 운동요법

척추에 무리가 가고 무릎관절이 손상될 위험이 적은 등산, 자전거 타기, 골프 등 하체를 단련하고 허리를 강화하는 운동이 적당하다.

또한, 성격상의 단점을 개선하기 위해 집중력과 감수성을 배양할 수 있는 탁구가 좋은데, 순발력 강화, 유연성과 지구력을 키울 수 있다.

③ 기타

허리를 강화시키기 위한 운동으로 허리 돌리기가 있으며, 체력을 강화시키기 위한 운동으로 골반 수축 운동이 있다. 골반 수축은 하루에 60~70회 정도해야 효과적이다. 또한, 하체를 유연하게 하기 위해 다리를 자주 주무르고 마사지해 주는 것이 좋다.

(2) 소양인

소양인과 같은 양의 기운인 사람은 땀을 많이 흘리지 않는 운동이 적당하며, 전신과 상체를 많이 움직이고 하체를 발달시키는 운동이 효과적이다.

소양인은 태양인과 마찬가지로 상체 비만이 많다. 아침에 운동하는 것이 효과적이며, 열이 많은 체질이므로 운동 후에는 찬물로 샤워하는 것이 좋다.

운동은 혼자 하기보다는 파트너와 함께하며 즐기는 것이 좋으며, 등산을 한다면 시간이 오래 걸리는 코스보다 짧고 가파른 코스를 선택하는 것이 효율적이다.

① 소양인의 전신 및 상체 비만에 효과적인 운동요법

소양인은 외향적이고 날렵해서 운동을 좋아하지만, 성격이 급하고 끈기가 부족한 편이어서 한 운동을 오래 지속하지 못하는 편이므로 걷기나 조깅 같은 운동은 쉽게 지친다. 대신 행동이 날렵하고 운동신경이 발달한 편이고 스피드를 좋아하므로 싸이클, 인라인 스케이트 등의 운동이 좋다. 특히 에어로빅은 유산소성 운동 능력을 상승시키기 위한 전신 운동으로 걷기, 달리기, 뛰기, 흔들기 등의 다양한 동작을 율동적으로 연결한 운동이기 때문에 신나는 운동을 해야 하는 소양인에게 적합한 운동이다.

소양인의 단점을 개선하기 위해 인내력과 집중력을 필요로 하는 요가 동작도 권할 만하다.

② 소양인의 하체를 단련하는데 효과적인 운동요법

소양인은 하체가 약해서 척추와 무릎관절 손상 위험이 적은 운동이 적합하다. 등산, 자전거 타기, 골프 등 하체를 단련하고 허리를 강화하는 운동이 적당하다.

③ 기타

상체가 실하고 하체가 약하여 종아리가 굳어지기 쉬우므로 발가락으로 서는 운동을 시작해서, 발가락 끝으로 걷기나 계단 오르기를 자주 해준다. 소양인은 종아리를 엄지와 검지로 자주 지압하고 마사지 해주는 것이 종아리를 단련하는데 적합하다.

(3) 태음인

비만인의 50~70%가 태음인일 정도로 살이 찌기 쉬우며 체형이 크고 복부비만이 많다. 태음인은 땀을 흘리지 않으면 몸 안에 노폐물과 열이 쌓여 성인병에 걸리기 쉬우므로 운동이나 사우나 등의 방법으로 땀을 배출해야 한다. 또한, 운동 후에 곧바로 에어컨이나 선풍기 앞에서 땀을 식히면 호흡기가 약해 감기가 쉽게 걸리므로 바로 샤워를 하는 것이 좋다.

음의 기운이 있는 태음인은 늦은 오후에 운동하는 것이 효과적이다.

① 태음인의 전신에 효과적인 운동요법

과격한 운동을 오래 견디지 못하는 태음인에게는 지구력을 가지고 30분 이상 할 수 있는 유산소 운동이 좋으며 조깅, 축구, 농구, 탁구, 에어로빅 등이 에너지 소모량도 많고 땀을 많이 흘릴 수 있어서 더욱 효과적이다. 특히 수영은 체중이 많이 나가는 태음인에게 근육이나 관절에 무리가 없으며, 유산소 운동 중 가장 효과적이므로 30~40분 정도하면 좋다.

태음인은 승부 근성이 강하고 체력이 좋으며, 사람을 좋아하기 때문에 등산 및 스포츠 동호회에 가입해서 정기적으로 운동하는 것도 바람직하다.

② 태음인의 복부 비만에 효과적인 운동요법

배드민턴, 테니스는 심장과 혈액순환계는 물론 사지와 복부 근육에 가볍고 지속적인 자극을 주기 때문에 심폐 기능 강화와 복부 비만이 우려되는 태음인에게 좋다. 또한, 근력, 민첩성, 조정력이 향상된다. 윗몸일으키기와 같은 복부 운동 역시 효과가 좋다.

③ 기타

태음인은 심폐 기능이 약하므로 혈액 중 산소가 부족하여 노폐물이 체내 축적되면서 복부 비만이 될 가능성이 있으므로 기공이나 복식호흡으로 심폐 기능을 강화한다. 또한, 양손으로 복부를 자주 안마하여 문질러 주어 복부의 기혈 소통을 돕는다.

(4) 소음인

소음인은 근육질과 거리가 멀어 근육 운동보다는 신체 부위를 고루고루 활동시켜 주는 운동이 적합하며, 몸이 냉한 체질이라 무리한 운동으로 땀을 내면 기력이 약해지고, 몸이 차가워져 병이 걸리기 쉽다.

소음인은 순환 장애, 수분 대사 저하로 부종 및 하체 비만이 될 수 있다. 음의 체질인 태음인과 소음인은 아침에는 기운이 없으므로 저녁 7~10시 사이, 식후에 운동하는 것이 좋으며, 운동 후 목욕은 여름철이라도 따뜻한 물로 하는 것이 몸에 좋다.

① 소음인의 전신에 효과적인 운동요법

소음인은 격렬한 운동보다는 신체 부위를 골고루 조금씩이라도 움직일 수 있는 스트레칭, 가벼운 산책, 조깅이 적합하다. 또한, 배드민턴, 테니스,

탁구 등 시간을 길지 않게 해주는 것도 좋으며, 줄넘기는 유산소 운동으로 심폐 지구력을 향상시키며 소음인의 순발력, 민첩성, 유연성이나 조정력 등을 높인다. 몸이 차가워지는 수영은 소음인에게 적합하지 않다.

② 소음인의 하체 비만에 효과적인 운동요법

소음인에게 효과적인 하체 운동으로는 가볍게 등산하기, 자전거 타기가 좋으며 대사되지 못한 노폐물과 부종을 개선시키기 위해 근육을 신전시켜 림프절의 순환을 돕는 요가나 스트레칭이 효과적이다.

③ 기타

소음인은 소화기계가 약하므로 복식호흡을 하면 좋고, 윗몸일으키기와 같은 복부 운동이 효과적이다. 또한, 소화 기능을 강화시키고 하체를 날씬하게 하는 방법으로는 똑바로 누워 한쪽 무릎을 굽혀 배에 붙이고 힘껏 구부렸다가 원래 위치로 보낸 후 힘을 뺀다. 양쪽 번갈아 가며 실행하면 좋다.

참고문헌

김광옥 외,『최신 미용경락』, 청구문화사, 2005

김귀정 외,『경락과 한방 피부미용학』, 수문사, 1999

김귀정 외,『미용경락』, 수문사, 2007

김기연 외,『경락미용-경락수기요법』, 성보사, 2003

김남수,『경락경혈학』, 정통침뜸연구소, 2002

리순화 외,『눈으로 배우는 경락 경혈학』, 대경북스, 2018

박금순, 김혜경,『사상체질형태에 따른 여대생의 식습관』, 한국식품영양과학회지, Vol.32 No.2, 2003

신원범 외,『인체경혈경락학』, 대경북스, 2016

왕효명,『경혈 MAP』, 군자출판사, 2005

정영애 외,『미용경락』, 메디시언, 2015

조병각 외,『경락미용학』, 뷰티프라자, 2000

최현민,「사상체질과 체격, 체력, 신체조성 및 성격유형과의 상관관계」, 한국체육학회지,Vol. 45,No.1, pp. 823-834, 2006

한말란 외,『미용경락학』, 청구문화사, 2006

[저자 소개]

전영선 정화예술대학교 미용예술학부 교수
이화정 성신여자대학교 평생교육원 학점은행제 미용학 전공 교수

미용경락

2018년 8월 23일 1판 1쇄 인 쇄
2018년 8월 28일 1판 1쇄 발 행

지 은 이 : 전영선 · 이화정
펴 낸 이 : 박정태

펴 낸 곳 : **광 문 각**

10881
경기도 파주시 파주출판문화도시 광인사길 161
광문각 B/D 4층
등 록 : 1991. 5. 31 제12-484호
전 화(代) : 031-955-8787
팩 스 : 031-955-3730
E-mail : kwangmk7@hanmail.net
홈페이지 : www.kwangmoonkag.co.kr

ISBN : 978-89-7093-910-0 93590

값 : 22,000원

한국과학기술출판협회회원
KSPA